新型职业农民创业致富技能宝典

规模化养殖场生产经营全程关键技术丛书

规模化水禽养殖场生产经营全程关键技术

汪　超　王阳铭　王启贵　主编

中国农业出版社
北　京

图书在版编目（CIP）数据

规模化水禽养殖场生产经营全程关键技术 / 汪超，王阳铭，王启贵主编.—北京：中国农业出版社，2019.1

（新型职业农民创业致富技能宝典　规模化养殖场生产经营全程关键技术丛书）

ISBN 978-7-109-24023-0

Ⅰ. ①规…　Ⅱ. ①汪… ②王… ③王…　Ⅲ. ①水禽－养殖场－经营管理　Ⅳ. ①S83

中国版本图书馆CIP数据核字（2018）第064129号

中国农业出版社出版

（北京市朝阳区麦子店街18号楼）

（邮政编码 100125）

责任编辑　黄向阳　刘宗慧

文字编辑　陈睿赜

北京万友印刷有限公司印刷　　新华书店北京发行所发行

2019年1月第1版　　2019年1月北京第1次印刷

开本：910mm × 1280mm　1/32　　印张：6.5

字数：160千字

定价：28.00元

（凡本版图书出现印刷、装订错误，请向出版社发行部调换）

规模化养殖场生产经营全程关键技术丛书
编委会

本书编写人员

主　编　汪　超　王阳铭　王启贵

副主编　彭祥伟　李大军　赵献芝　张成聪

参　编　王启贵　汪　超　王阳铭　彭祥伟
李大军　张成聪　赵献芝　罗　艺
李　静　钟　航　黄晓风　张昌莲
梁明荣　龙小飞

PREFACE 序

改革开放以来，我国畜牧业经过近40年的高速发展，已经进入了一个新的时代。据统计，2017年，全年猪牛羊禽肉产量8 431万吨，比上年增长0.8%。其中，猪肉产量5 340万吨，增长0.8%；牛肉产量726万吨，增长1.3%；羊肉产量468万吨，增长1.8%；禽肉产量1 897万吨，增长0.5%。禽蛋产量3 070万吨，下降0.8%。牛奶产量3 545万吨，下降1.6%。年末生猪存栏43 325万头，下降0.4%；生猪出栏68 861万头，增长0.5%。从畜禽饲养量和肉蛋奶产量看，我国已然是养殖大国，但距养殖强国差距巨大，主要表现在：一是技术水平和机械化程度低下导致生产效率较低，如每头母猪每年提供的上市肥猪比国际先进水平少8～10头，畜禽饲料转化率比发达国家低10%以上；二是畜牧业发展所面临的污染问题和环境保护压力日益突出，作为企业，在发展的同时应该如何最大限度地减少环境污染？三是随着畜牧业的快速发展，一些传染病也在逐渐增多，疫病防控难度大，给人畜都带来了严重危害。如何实现“自动化硬件设施、畜禽遗传改良、生产方式、科学系统防疫、生态环境保护、肉品安全管理”等全方位提升，促进我国畜牧业从数量型向质量效益型转变，是我国畜牧科研、教学、技术推广和生产工作者必须高度重视的问题。

党的十九大提出实施乡村振兴战略，2018年中央农村工作会议提出以实施乡村振兴战略为总抓手，以推进农业供给侧结构性改革为主线，以优化农业产能和增加农民收入为目标，坚持质量兴农、绿色兴农、效益优先，加快转变农业生产方式，推进改革创新、科技创新、工作创新，大力构建现代农业产业体系、生产体系、经营体系，大力发展新主体、新产业、新业态，大力推进质量变革、效率变革、动力变革，加快农业农村现代化步伐，朝着决胜全面建成小康社会的目标继续前进，这些要求对畜牧业发展既是重要任务，也是重大机遇。推动畜牧业在农业中率先实现现代化，是畜牧业助力“农业强”的重大责任；带动亿万农户养殖增收，是畜牧业助力“农民富”的重要使命；开展养殖环境治理，是畜牧业助力“农村美”的历史担当。农业农村部部长韩长赋在全国农业工作会议上的讲话中已明确指出，我国农业科技进步贡献率达到57.5%，畜禽养殖规模化率已达到56%。今后，随着农业供给侧结构性调整的不断深入，畜禽养殖规模化率将进一步提高。如何推广畜禽规模化养殖现代技术，解决规模化养殖生产、经营和管理中的问题，对进一步促进畜牧业可持续健康发展至关重要。

为此，重庆市畜牧科学院联合西南大学、重庆市畜牧技术推广总站、重庆市水产技术推广站和畜禽养殖企业的专家学者及生产实践的一线人员，针对养殖业中存在的问题，系统地编撰了《规模化养殖场生产经营全程关键技术丛书》，按不同畜种独立成册，包括生猪、蜜蜂、肉兔、肉鸡、蛋鸡、水禽、肉羊、肉牛、水产品共9个分册。内容紧扣生产实际，以问题为导向，针对从建场规划到生产出畜产品全过程、各环节遇到的常见问题和热点、难点问题，提出问题，解决问题。提问具体、明确，解答详细、充实，图文并茂，可操作性强。我们真诚地希望这套丛书能够为规模化养殖场饲养员、技术员及相关管理人员提供最为实用的技术帮助，为新型职业农民、家庭农场、农民合作社、农业企业及社会化服务组织等新型农业生产经营主体在产业选择和生产经营中提供指导。

刘作华

2018年7月20日

FOREWORD 前言

我国是水禽生产和消费的第一大国，水禽产业是我国畜牧业的重要组成部分。2016年年末我国存栏肉鸭5.8亿只、蛋鸭2.3亿只、鹅1.3亿只，出栏肉鸭约30亿只、蛋鸭1.8亿只、肉鹅5.2亿只，总产值达1 517亿元。水禽肉蛋及其制品营养丰富、口感独特，且具有温补等调理和保健作用，深受人民群众喜爱。水禽生产具有投资少、生产周期短、耗粮少、经济效益好等特点，发展水禽产业是优化我国畜牧业生产结构的重要举措，是促进农民致富增收的有效途径。在可预见的将来，我国水禽产业将持续稳步增长。

近年来，水禽养殖理论和技术研究得到了重视，相关科研人员在水禽养殖理论和技术创新方面取得了较大的突破，获得了一批研究成果。归纳总结这些最新研究成果并将其应用到水禽养殖生产上，对于指导我国水禽产业的健康快速发展有着十分重要的意义。为此，我们组织相关人员，编写了本书。本书内容力求系统、先进和实用，在语言表述方面力求简明扼要，图文并茂。本书共编排10章25节，内容涉及水禽产业概况、养殖场建设、品种选育、营养与饲料、饲养管理、种蛋孵化、疾病防控、养殖废弃物处理和养殖场经营管理等。可供广大水禽养殖业主、生产技术人员、基层畜牧兽医人员及相关科研人员参阅、使用。

在编写过程中，参阅了大量相关文献资料，得到了有关专家的帮助支持，在此致以衷心的感谢！本书出版过程中得到国家自然科学基金面上项目（31572386）、国家水禽产业技术体系岗位科学家项目（CARS-42-22）与重庆综合试验站项目（CARS-42-51）、重庆市基础科学与前沿技术研究专项（cstc2015jcyja80034）、重庆市社会事业与民生保障专项（cstc2017shms-xdny80047）等的资金资助。

由于水平有限，书中不足及疏漏之处，敬请广大读者批评指正。

编　者

2018年8月

CONTENTS 目录

第一章 概 述

第一节 水禽习性与产品特点

1. 什么是水禽?

水禽传统都生活在有水的地方，在水中觅食、嬉戏、交配等，其绒羽一般比较厚密。水禽包括鸭、鹅、鸿雁、灰雁等禽类，我国畜牧业中水禽一般指鸭和鹅。水禽养殖业是我国的传统产业，由于鸭、鹅养殖成本低、周期短、见效快，近年来取得了突飞猛进的发展。我国是水禽生产大国，鸭饲养量占世界的70%左右，鹅饲养量占世界的90%以上。在农业产业结构调整中，水禽逐渐受到世界各国的高度重视。

2. 鸭的生活习性有哪些?

(1) 喜水性 鸭是水禽，喜欢在水中嬉戏、觅食和求偶交配，在产蛋和休息时才回到陆地。鸭在水中每分钟能游50 ~ 60米。对于采取舍饲方法饲养的种鸭和蛋鸭，要设置一些人工小水池，供种鸭洗浴及种鸭交配之用；现代化规模饲养条件下的肉鸭可实现全部旱养。

(2) 合群性 鸭在野生情况下，天性喜群居和成群飞行。此种本性驯养之后仍然不改变，因而家鸭至今仍表现很强的合群性。经训练的鸭在放养条件下可以成群地远行数千米而不紊乱。鸭离群独处时会高声鸣叫，一旦得到同伴的回应，孤鸭会循声归群。鸭相互间也不喜斗殴。因此，鸭可以大群饲养和圈养。

（3）耐寒性 鸭全身覆盖羽毛，这些羽毛具有隔热保温作用。因此，鸭的耐寒性比家畜要强。鸭的皮下脂肪比鸡厚，因而比鸡具有更强的耐寒性。鸭尾脂腺发达，其分泌物在鸭梳理羽毛时涂抹至全身羽毛，起到羽毛不被水所浸湿的作用。

（4）怕暑性 鸭无汗腺，比较怕热。在炎热的夏季喜欢泡在水里，或在树荫下休息，因而觅食时间减少，采食量和产蛋量下降。

（5）喜杂食，觅食力强 鸭觅食力强，能采食各种精粗饲料、青绿饲料，昆虫、蚯蚓、鱼、虾、螺等也都可以作为饲料，同时还善于觅食水生植物和浮游生物。鸭味觉不发达，对饲料的适口性要求不高，对无酸败和异味的食物都会大口吞咽。

（6）反应灵敏 鸭有较好的反应能力，比较容易受训练和调教。鸭性急、胆小，容易受惊而高声鸣叫，导致相互挤压。鸭的这种惊恐行为一般在1月龄开始出现，这时，雏鸭对人、畜及偶然出现的鲜艳色泽、物或声、光等刺激均有害怕感觉。因此在这个阶段，应尽量保持鸭舍安静，避免鸭因惊恐而相互践踏，造成损失。人接近鸭群时，应事先发出鸭熟悉的声音。同时，避免其他动物进入圈舍。

（7）无就巢性 鸭经过人们长期的选育，已经丧失了抱孵的本能（番鸭除外），这样就增加了产蛋时间，而孵化和育雏则需要人工进行。

（8）夜间产蛋性 禽类大多在白天产蛋，而母鸭是夜间产蛋，这一特性为蛋鸭白天放牧提供了方便。夜间鸭不会在产蛋窝休息，仅在产蛋前半小时左右才进入产蛋窝，产蛋后稍歇即离去，恋蛋性很弱。鸭产蛋一般集中在凌晨0：00～3：00，若多数窝被占用，有些鸭就把蛋产在地上。因此，鸭舍内窝位要足，垫草要勤换。

3. 鹅的生活习性有哪些？

（1）喜水性 鹅习惯在水中嬉戏、觅食和求偶交配，在有水源的条件下，种鹅每天约有1/3的时间在水上生活，只有在产蛋、觅食、休息和睡眠时才回到陆地。因此，宽阔的水域、良好的水源是养鹅的重要环境条件。

（2）喜干性 尽管鹅是水禽，有喜水的天性，但也有喜干燥的另一面。夜间鹅总是喜欢选择干燥、柔软的垫草休息和产蛋。因此，其休息和产蛋的场所必须保持干燥。若舍内潮湿、垫草潮湿且有泥，则会使鹅的羽毛非常脏乱，容易造成羽毛脱落和折断。

（3）耐寒性 鹅颈部和体躯都覆盖有厚厚的羽毛，羽毛上油脂含量较高。所以羽毛不仅能有效地防水，而且保温性能非常好，能有效地防止体热散发和减缓寒冷空气对机体的侵袭。一般鹅在0℃左右低温下，仍能在水中活动；在−4℃寒冷地区也能正常生长；在10℃左右的气温下，仍可保持较高的产蛋率。

（4）合群性 鹅具有良好的合群性，行走时队列整齐，觅食时在一定范围内扩散，在鹅生产中大群饲养是可行的。鹅离群独处时会高声鸣叫，一旦得到同伴的回应，孤鹅会循声归群。出现个别离群独处的鹅，往往是发生疾病的预兆。

（5）警觉性 鹅警觉性很高，一旦有陌生人接近鹅群则群内公鹅会颈部前伸、靠近地面，鸣叫着向人攻击。夜间有异常的动静时鹅也会发出尖厉的鸣叫声。但也因为鹅警觉性高，鹅易受到惊吓，故鹅舍及其周边应保持安静，严禁生人和犬、猫、黄鼠狼、老鼠等动物进入，避免产生应激。

（6）广食性 鹅是杂食性家禽，觅食活动性强，能觅食大量牧草、野草和水生植物等。鹅消化粗纤维能力较强，可消化利用大量植物性饲料。有报道称，鹅能消化饲料中30%左右的粗纤维。在生产中，可利用鹅消化粗纤维能力强的特点，在配制饲料时可适当添加部分秸秆、青草等青粗饲料。

4. 鸭肉有何营养价值？

鸭肉性寒，味甘、咸，归脾、胃、肺、肾经，可大补虚劳、滋五脏之阴、清虚劳之热、补血行水、养胃生津、止咳镇惊、清热健脾、治虚弱浮肿，还能治身体虚弱、病后体虚、营养不良性水肿。鸭肉（胸肌）粗蛋白质含量约为75%，粗脂肪含量为8.7%，灰分含量为8%，饱和脂肪酸含量为38.8%，不饱和脂肪酸含量为61.3%。鸭肉营养丰富，具有保健疗效，是优质动物蛋白来源。

5. 鸭蛋有何营养价值?

我国自古就有食用鸭蛋的历史。传统中医认为，鸭蛋性味甘、凉，入心、肺、脾经。鸭蛋的营养价值和鸡蛋相当，含有人体必需氨基酸，属于全价蛋白。鸭蛋粗蛋白质含量约为13%，粗脂肪含量为12%，灰分含量为6.5%，水分含量为68.8%。氨基酸评分结果表明，鸭蛋中的苏氨酸和苯丙氨酸+酪氨酸评分高于鸡蛋，而异亮氨酸、缬氨酸及含硫氨基酸评分均低于鸡蛋。鸭蛋卵磷脂含量高于鸡蛋，而胆固醇含量约为鸡蛋的2/3。另外，鸭蛋黄中还含有一定量的单不饱和脂肪酸和多不饱和脂肪酸。鸭蛋可以作为鸡蛋的有益补充，完善我们的膳食结构。

6. 鹅肉有何营养价值?

鹅消化粗纤维能力较强，在生产中多进行放牧，或饲喂青草（草粉）及其他粗饲料。鹅抗病力强，发病率低，在鹅生产过程中不用添加任何药物。因此鹅肉食品安全无害。鹅肉含蛋白质高达22.3%，比其他畜禽肉中蛋白质含量均高(鸭肉为21.4%，鸡肉为20.6%，牛肉为18.7%，猪肉为14.8%)。鹅肉的脂肪含量低，为11%(瘦猪肉为28.8%，瘦羊肉为 13.6%)，鹅脂肪多为不饱和脂肪酸组成，熔点低，易吸收，不会造成人体胆固醇增高。

7. 鹅蛋有何营养价值?

鹅蛋营养丰富，蛋白质含量高于鸡蛋和鸭蛋，含有多种人体必需氨基酸。鹅蛋中的蛋白质易于人体消化吸收，其消化率达98%；鹅蛋的蛋黄中含有较多的对人体健康有益的卵磷脂，鹅蛋中还含铁、钙和磷等矿物质和维生素A、维生素D、维生素E、核黄素、硫胺素、尼克酸和胆碱等维生素；鹅蛋具有滋补和药用价值，常被作为治疗糖尿病及催乳、助孕的偏方，如在有些地区鹅蛋是孕妇必吃的营养品，是名副其实的"月子蛋"。

8. 鹅肥肝有何营养价值?

鹅肥肝是指鹅生长发育大体完成后，在短时期内人工强制填饲大量高能量饲料，经过一定的生化反应在肝脏大量沉积脂肪形成的脂肪肝。鹅肥肝质地细嫩，口感鲜美，脂香醇厚，回味无穷，营养丰富，保健价值极高。

经育肥后的肥鹅肝，脂肪含量高达60% ~ 70%，是正常肝的7 ~ 12倍；不饱和脂肪酸比猪油高11%以上，比正常肝相对量增加20倍；卵磷脂增加4倍；酶活性增加3倍；核糖核酸和脱氧核糖核酸增加1倍。鹅肥肝中脂肪酸组成：软脂酸21% ~ 22%、硬脂酸11% ~ 12%、亚油酸1% ~ 2%、十六碳烯酸3% ~ 4%、肉豆蔻酸1%、不饱和脂肪酸65% ~ 68%。每100克肥肝中卵磷脂含量高达4.5 ~ 7克，脱氧核糖核酸和核糖核酸9 ~ 13.5克。鹅肥肝与普通鹅肝相比，有效营养物质在体内氧化后产生的热量增加10倍。因此鹅肥肝具有很高的营养价值和食疗价值。

第二节　水禽产业概况

9. 全世界及我国水禽生产规模如何?

依据联合国粮食及农业组织（FAO）提供的数据推算，2015年，全世界肉鸭出栏量约45亿只，其中亚洲约占84.1%（中国肉鸭出栏量占全世界总量的68.4%），欧洲约占11.2%，美洲与非洲约占4.7%；全世界肉鹅出栏量维持在5.1亿只左右，其中亚洲占96.1%，欧洲占 2.1%，美洲与非洲占 1.8%。中国是世界上肉鹅出栏最多的国家，占世界出栏只数的 90% 以上。

根据国家水禽产业技术体系对全国 21 个水禽主产省（自治区、直辖市）生产情况的调查统计结果，2016 年我国全年出栏商品肉鸭 30.41 亿只，总产值 744.8 亿元；蛋鸭存栏 2.32 亿只，鸭蛋产量为 390.31 万吨，总产值 407.7 亿元；商品鹅出栏 5.18 亿只，产值 364.1 亿元。2016 年全国水禽产业总产值 1 516.6 亿元。

在进出口方面，2015 年全世界鸭肉及鸭肝进口总量为 27.7 万吨，进口活鸭 4 000 万只左右，鹅肉及相关产品进口总量 5.4 万吨；2015 年全世界鸭肉及鸭肝出口总量为 44.6 万吨，出口活鸭 2 400 万只左右，鹅肉及相关产品出口总量 5.5 万吨。中国不仅是世界水禽第一生产大国，同时也是水禽产品的第一消费大国，水禽产品的进出口总额稳居世界第一，鸭肉进口量为 4 万吨左右，出口量为 10 万吨左右。中国内地的鸭肉主要销往中国香港，占香港市场的 65% 左右。

10. 我国水禽主产区是如何分布的？

我国肉鸭出栏主要集中在山东和江苏等 19 个省（自治区、直辖市），其出栏总量占全国出栏总量的 90% 以上。肉鸭出栏量最大的地区是山东省，年出栏 10 亿只以上；其次是江苏、四川、广东，其年出栏量在 3 亿～5 亿只；河南、湖南、福建、江西、安徽、河北、内蒙古、浙江、湖北、广西和重庆肉鸭年出栏量也较大，在 0.5 亿～2 亿只。蛋鸭养殖主要集中在福建、浙江、湖北、四川、广东、江西、安徽、重庆、河北、湖南和辽宁等 11 个省市，占全国蛋鸭养殖总量的 90% 以上。肉鹅养殖主要集中在广东、山东、四川、江苏、浙江、安徽、湖南、辽宁、吉林、黑龙江和重庆等省市，其年出栏量在 0.3 亿～0.5 亿只。

11. 我国水禽产业特点有哪些？

（1）经营方式逐步转变，全产业链布局趋势显现 面对国内市场的饱和与产品质量要求、生产环保要求的提高，有条件的水禽经营企业已转变经营方式，积极实行企业全产业链自主经营，这既有利于产品质量控制，也有利于市场预期水平的提高和对市场风险的管控。

（2）绿色发展从理念迈向行动，健康、生态养殖方式稳步推进 绿色发展理念得到了大型企业的普遍认同和选择。立体循环养殖模式、肉鸭网床饲养、发酵床饲养、网床加发酵床饲养等新型养殖模式替代了传统的棚养圈养方式。污水、固废处理系统正逐步推广，在很大程度上有助于减少疫病传播，促进水禽养殖健康可持续发展。

（3）产、学、研紧密合作，技术创新、推广效果显著 水禽产业技术研发在企业、高等院校以及科研院所等机构的紧密合作下取得较多进展，且研究成果在生产中得到了广泛推广与应用，为产业发展提供了持续的推动力。

（4）产品结构不断调整，市场空间进一步拓展 面对消费结构的不断升级，地方性风味产品、特色产品以及地方性优质良种等兼具质量与特色的产品成为企业品牌建设的新目标。这种新趋势不仅为适应当前消费需求转型背景下的生产结构调整奠定良好基础，同时也为水禽产品增加市场份额和水禽产业自身发展提供契机。

12. 我国水禽产业未来发展趋势是什么？

（1）生产方式绿色化，环境控制高标准化 未来水禽养殖向生态环保、资源节约方向发展是必然趋势。稻鸭共生模式、肉鸭网上平养、蛋鸭笼养、水禽旱养、肉鹅林地草地循环养殖等新型生态、环保养殖方式日益普遍。与此同时，水禽企业的环境控制投入也越来越高，尤其在经济发达地区，环境控制已成为企业能否生存的重要红线。

（2）生产布局全产业链化，经营方式一体化 由于市场波动风险不断加剧，传统的单一环节生产布局已难以抵御风险，而全产业链经营方式可利用上下游多元化的产品结构调整有效规避市场风险，在很大程度上保障了企业赢利能力。此外，消费者对水禽产品质量要求越来越高，全产业链布局下的一体化经营能够在很大程度上控制产品质量也有助于推进养殖标准化，顺应了当前市场和养殖的新要求。可见，全产业链化和一体化经营是水禽发展的新趋势。

（3）市场细分加强，优质特色产品竞争优势增强 基于地区和渠道的水禽产品消费行为数据，制订区域或产品种类、品质的市场细分方案，是推动水禽产业良性发展的重要抓手。根据网络营销中对消费者的问卷调查和线上讨论、消费购买数据的抓取和长期的跟踪调查，提出水禽业产品品类品质分级和市场细分方案，并通过对不同品类产品消费者的支付意愿调查来检验产品品类品质分级和市场细分的可行性和科学性，实行优质优价，是水禽产业调整供给结构、应对消费需求转变的新趋势。

（4）水禽产品营销方式网络化和信息化 电子信息网络的应用实现了水禽产品网上交易、直接配送，使生产加工厂家与消费者直接对接，减少了产品营销的中间环节，降低了交易成本，使产品卖得更远、更好，代表了营销、消费和贸易服务发展的新潮流。探索线上线下一体化模式，开展“互联网+”水禽养殖加工销售，推广网络平台，已成为水禽企业发展的新趋势。

13. 常见的水禽养殖场经营模式有哪些?

（1）一体化经营模式 目前，我国水禽产业化水平和产业链条化程度正逐渐提高，集饲料生产、种禽养殖、商品代养殖、屠宰和销售等为一体的一体化经营模式逐步替代传统的农户小规模分散经营。这种转变有利于充分发挥水禽生产性能，有利于卫生防疫和环境保护，有利于提高经济效益和社会效益。

（2）合作社模式 在地域相近的一定范围内，以若干养殖场为纽带，联合饲料生产企业、禽产品加工企业、产品销售商和畜牧兽医技术服务机构等，建立起养殖合作社，选出领导人并设立日常办事机构，制定章程。合作社同养殖户签订各种买卖合同，养殖户根据合同，有计划地进行养殖经营，顺利地实施养殖水禽“一条龙”的生产经营。

（3）公司+农户模式 这种模式即所谓的合同养殖，养殖户从公司购买水禽苗、饲料、药品等，按照公司要求进行生产，公司按约定价格回购所养水禽。在这种模式中，产、供、销等环节均须以合同形式加以约束。

第二章　水禽养殖场建设

第一节　调研及申办

14. 投资建场前应开展哪些调研与准备工作？

一是分析所选品种的市场需求情况、赢利能力及抗风险能力等，判定项目投资的合理性；二是须熟悉所养水禽的生理特点，掌握相应的饲养管理和疾病防治技术；三是到国土、环保和畜牧主管部门查明当地禁养区、限养区和适养区的划分情况，咨询养殖场建设的要求与标准，了解国家对养殖业的政策要求；四是考察和预选场地，对当地气候环境、地形地势、社会经济、防疫、消纳粪污的土地、交通、水电供应等进行综合评价；五是根据投资建场的资金量及来源，确定建设规模。

15. 新建规模化养殖场需取得哪些许可？

一是由有资质的环评单位编制环境影响评价文件，并获得有审批权的环境保护行政主管部门的环评许可；二是需经乡（镇）人民政府同意，向县级畜牧主管部门提出规模化养殖项目申请，进行审核备案；三是经县级畜牧主管部门审核同意后，乡（镇）国土所要积极帮助协调用地选址，所用土地应为设施农用地，并到县级国土资源管理部门办理用地备案手续；四是要取得畜牧主管部门颁发的“动物防疫条件合格证”。其中环评许可是最关键的。

16. 申请环境评价有哪些要求?

所有养殖场建设前，应完成相应环评手续，取得相应环评许可后方可建设。办理环境评价许可需提供环保审批申请报告、立项备案证明、项目环境影响报告书、环境技术评估意见，基建项目需提供规划许可证和红线图等。单个养殖场年出栏5 000头生猪当量（15只鹅的排污量=1个生猪当量）以上，即年出栏7.5万只以上肉鹅的养殖场需提供环境影响评价报告书；年出栏5 000头生猪当量（即年出栏7.5万只以下鹅）以下的养殖场无须提供环境影响评价报告书，仅提供环境影响评价报告表，并进行环评登记。若涉及农田、水利和林业等方面的，由相关主管部门出具意见。

17. 国家对养殖用地有哪些规定?如何取得用地许可?

根据《国土资源部农业部关于进一步支持设施农业健康发展的通知》（国土资发〔2014〕127号）精神，畜禽养殖设施建设原则只能使用设施农用地，应尽量利用荒山荒坡、滩涂等未利用地和低效闲置的土地，不占或少占耕地。确需占用耕地的，应尽量占用劣质耕地，避免滥占优质耕地，同时通过耕作层土壤剥离利用等工程技术措施，尽量减少对耕作层的破坏，禁止占用基本农田。规模化畜禽养殖的附属设施用地规模原则上控制在项目用地规模7%以内（其中，规模化养牛、养羊的附属设施用地规模比例控制在10%以内），但最多不超过1公顷（1公顷=15亩）。

养殖场建设业主在建设前，需先到国土部门查询可用于养殖的设施农用地，再向环保主管部门申请审核，最后向畜牧主管部门申请审查。通过上述3个主管部门审核后，即可将所选地块作为养殖场建设。

18. 国家对养殖污染治理有哪些要求?

按照《畜禽规模养殖污染防治条例》（国务院令第643号）的

规定，畜禽养殖场、养殖小区应当根据养殖规模和污染防治需要，建设相应的畜禽粪便、污水与雨水分流设施，畜禽粪便、污水的贮存设施，粪污厌氧消化和堆沤、有机肥加工、制取沼气、沼渣沼液分离和输送、污水处理、畜禽尸体处理等综合利用和无害化处理设施。已经委托他人对畜禽养殖废弃物代为综合利用和无害化处理的，可以不自行建设综合利用和无害化处理设施。

从事畜禽养殖活动，应当采取科学的饲养方式和废弃物处理工艺等有效措施，减少畜禽养殖废弃物的产生量和向环境的排放量，应当及时对畜禽粪便、畜禽尸体、污水等进行收集、贮存、清运，防止恶臭和畜禽养殖废弃物渗出、泄漏。将畜禽粪便、污水、沼渣、沼液等用作肥料的，应当与土地的消纳能力相适应，并采取有效措施防止污染环境和传播疫病。

向环境排放经过处理的畜禽养殖废弃物，应当符合国家和地方规定的污染物排放标准和总量控制指标。畜禽养殖废弃物未经处理，不得直接向环境排放。染疫畜禽以及染疫畜禽排泄物、染疫畜禽产品、病死或者死因不明的畜禽尸体等病害畜禽养殖废弃物，应当按照有关法律、法规和国务院农牧主管部门的规定，进行深埋、化制和焚烧等无害化处理，不得随意处置。

19. 申请办理“动物防疫条件合格证”需要提供哪些材料?

在申请办理“动物防疫条件合格证”时，业主需向区县级畜牧兽医主管部门提供区县级以上国土部门设施农用地申报审核材料、区县级以上环保部门项目环境影响登记表备案回执（指年出栏生猪当量5 000头以下的养殖场），环境影响报告书（年出栏5 000头生猪当量以上需提供）、申办单位及场所的基本情况介绍、场所地理位置图、场所各功能区布局平面图 、设施设备清单（特别是防疫设施设备清单及其功能说明资料）、管理制度材料（特别是防疫制度文本等材料）、动物防疫条件自查表、动物防疫工作总结、管理人员、防疫人员身份、资质和健康证明复印件等资料。

20. 申请办理“动物防疫合格证”需要哪些费用?

养殖场申请办理“动物防疫合格证”，年出栏5 000头生猪当量以下的养殖场有两个方面的费用，一是土地测绘费，二是土地复耕费。年出栏5 000头生猪当量以上的养殖场除支付上述两项费用以外，还要请有资质的单位编制环境影响报告书，需支付报告书编制单位报酬。

第二节 建设规划

21. 水禽养殖场选址有哪些具体要求?

一要建在隔离条件良好的区域。场周3千米内无大型工厂、矿场，2千米范围内无屠宰场、肉品加工厂及其他畜牧场等污染源；离干线公路、学校、医院和乡镇居民区等设施至少1千米以上，距离村庄100米以上；不允许建在饮用水源上游或食品厂上风向。二要水源充足。三要交通方便但不紧靠码头。四要地势高燥，排水良好。

22. 怎样规划设计水禽养殖场?

水禽养殖场包括生活办公区、生产区和废弃物处理区等。生活办公区包括食堂、办公室、会议室和宿舍等；生产区主要包括孵化房、圈舍、消毒房、库房和饲料加工车间等；废弃物处理区包括堆肥场、沼气池、污水处理池和病死禽处理房等。一般将生活办公区设置在上风向位置和地势较高处，并与生产区保持一定距离；生产区一般位于中心地带；废弃物处理区位于全场下风向和地势最低处。

23. 怎样设计建造水禽孵化场?

孵化场应该考虑规模、孵化工艺、建设地点等进行规划和设计。孵化场建设前，应根据种蛋数量、孵化季节和市场需求情况等计算种蛋孵化批次、入孵数量、每批间隔天数等与供雏有关数据，然后根据这些数据确定孵化室、出雏室以及附属建筑的面积，确定孵化机的型号、尺寸和数量。一般孵化机和出雏机数量或容量的比例为4 ∶ 1。

孵化场应建在交通相对便利的地方，以便于种蛋和雏禽的运输，但又要远离交通干线、居民区、畜禽场，以免污染环境和被污染。孵化场应有稳定的电力保障，且必须配备发电机以备停电时使用。

孵化场的建筑设计应遵循入孵种蛋由一端进入，雏苗由另一端出的原则，一般的流程是：种蛋→种蛋消毒→种蛋贮存→分级码盘→孵化→移盘→出雏→鉴别、分级、免疫→雏禽存放→外运。

孵化场的墙壁、地面和天花板，应选用防火、防潮和便于冲洗、消毒的材料；应考虑孵化器安装位置，以不影响孵化器布局及操作管理。门高2.4米以上、宽1.5米以上，以利种蛋等的输送。地面至天花板高3.4 ～ 3.8米。孵化室与出雏室之间，应设缓冲间，既便于孵化操作又利于卫生防疫。地面平整光滑，以利于种蛋输送和冲洗，并设下水道。屋顶应铺保温材料。

24. 水禽圈舍设计的总体要求是什么？

禽舍作为家禽生活和生产的场所，必须保证适合家禽生活的环境，如需具备良好的通风换气、温度和光照控制、废物清除等功能。水禽具有敏感性高、活动力强、喜水和喜清洁等特性，要求有较大的活动空间。因此，鹅舍除了需要具备以上禽舍的一般特点外，还需要给予鹅只更多的活动空间并提供水上活动场所，以使鹅只能够较好地自由活动，在水面上清洗、梳理羽毛和进行交配，从而发挥正常的生产性能并获得良好的经济效益。

鹅舍建筑总的要求是冬暖夏凉、阳光充足、空气流通、干燥防潮、保持卫生、经济耐用，同时要考虑建在水源充足、地势较高而又有一定坡度的地方。设计鹅舍要求功能完备，操作合理；利于防疫，可持续发展；结构坚固，经久耐用；节约能源，降低成本；便于舍内各项环境指标的控制。

25. 水禽圈舍主要类型有哪些？

水禽圈舍按照圈舍整体结构类型可分为开放式、半开放式（图2-1）和封闭式（图2-2）禽舍。开放式圈舍只有简易顶棚、四壁无墙或只有矮墙或两侧有墙，寒冷时用塑料薄膜、棉被、布帘围高保暖。其特点是建设成本低、通风效果好，但水禽生产性能受外界环境影响大。半开放式圈舍有窗户，全部或大部分靠自然通风采光，舍温随季节变化而变化。封闭式圈舍是用隔热性能好的材料构造房顶和四壁，舍内环境通过各种调节设备控制。这种圈舍减少了外界气候对舍内环境的影响、饲养效果好，但建设成本高、投资大。

水禽圈舍按照屋顶形状可分为单坡式、双坡式和平顶式等。其中，单坡式圈舍跨度小、结构简单，造价低，光照和通风好，适合小规模养殖场；双坡式圈舍跨度较大，是规模化养殖场圈舍的主要形式之一；平顶式圈舍屋顶用水泥钢筋预混材料建造，屋顶可蓄水隔热，有利于夏季舍内防暑降温。

图2-1　半开放式圈舍

图2-2　封闭式圈舍

26. 水禽养殖场主要设施设备有哪些？

水禽养殖场主要有饲喂、饮水、保温、降温（通风）、照明、消毒和粪污清运等设施设备。

（1）饲喂设备 主要有料槽和自动给料系统（图2–3），按材质料槽可分为木质料槽（图2–4）、塑料料槽和不锈钢（合金）料槽等，按形状可分为长形料槽（图2–5）和圆形料槽等。

（2）饮水设备 常用的饮水设备有槽式饮水器、真空式自动饮水器（图2–6）和乳头式饮水器（俗称“水线”，图2–7）等。

（3）保温设备 常用的保温设备有电热育雏伞（图2–8）、红外线灯、暖气片（图2–9）和热风炉等。

（4）通风设备 降温（通风）主要有湿帘（图2–10）、轴流风机和排气扇等。

（5）照明设备 常用的照明设备有LED灯、节能灯和白炽灯等。

（6）消毒设施 常用的消毒设施设备有超声波雾化系统（常用于人员通道消毒）、自动化喷雾消毒系统、消毒机（图2–11）、喷雾器（图2–12）和消毒池等。

图2–3 自动给料系统

图2–4 木质料槽

图2–5 长形料槽

图2–6 真空饮水桶

图2-7　水　线

图2-8　保温伞

图2-9　保温用暖气片

图2-10　降温湿帘

图2-11　消毒机

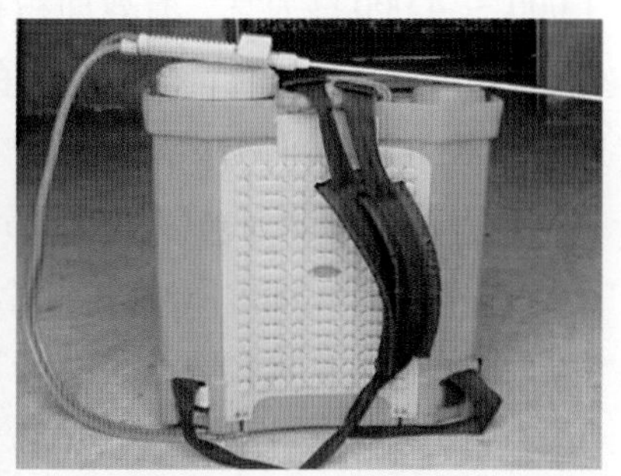

图2-12　喷雾器

（7）清粪设施　粪污清运设施设备主要有刮粪电机（图2-13）、刮粪板、清粪传送带和手推车等，有关细节参看后续相关章节。

图2-13　刮粪板牵引电机

27. 以鹅为例，怎样设计建造育雏舍？

鹅从孵化出壳至28 ~ 30日龄为雏鹅阶段，这段时间的养殖称为育雏。雏鹅体温调节能力差，设计建造雏鹅舍要以能保温、干燥、通风但无贼风为原则，并设置加温设备。

（1）高度　育雏舍一般檐高2 ~ 2.2米、宽7米。为增加保温性能，房舍应设天花板。

（2）面积　鹅舍内育雏用的有效面积以每栋鹅舍可容纳500 ~ 600只雏鹅为宜。舍内分隔成几个圈栏，每一圈栏面积为10 ~ 12米^2，可容纳3周龄以内的雏鹅80 ~ 100只，故每栋鹅舍的有效面积为50 ~ 60米^2。规模养殖的鹅舍生产单元饲养数以1 000 ~ 4 000只为宜，有效面积在100 ~ 500米^2。

（3）窗户　育雏舍应有较大的采光面积，一般窗户与地面面积比以1 ：（10 ~ 15）为好，窗户下檐与地面距离0.7 ~ 1米。

（4）地面　地面育雏时，鹅舍地面用沙土或干净的黏土铺平，并夯实，或铺砖，舍内地面应比舍外地面高20 ~ 30厘米，以保持舍内干燥。育雏后期的地面可以为水泥地，并向一边倾斜。育雏舍应在舍内设水槽和料槽。

（5）网床　网上育雏时，网床距地面1 ~ 1.5米，网床可用竹木或角钢制作，在网床上铺网眼为1.25厘米 × 1.25厘米的塑料底网或钢丝网，见图2-14、图2-15。网床上分成若干小栏，每栏面积为4米^{2}左右，随着雏鹅日龄增长逐步扩大小栏面积。

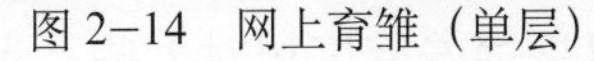

图 2–14　网上育雏（单层）

图 2–15　网上育雏（多层）

（6）防护　所有窗户、排水沟和通向外部的下水道都应设置钢丝网或网板，以利于废水渗漏和防止鼠害。

（7）运动场　育雏舍前是雏鹅的运动场，也是晴天无风时的喂料场，场地应平坦且向外倾斜。陆上运动场宽度为3.5 ～ 6米，长度与鹅舍长度等齐。陆上运动场外紧接水上运动场，便于鹅群浴水。水上运动场池底不宜太深，且应有一定的坡度，便于雏鹅浴水时站立休息。

28. 以鹅为例，怎样设计建造育成（肥）舍？

育成舍用以饲养4周龄以上已脱温的中鹅。育雏结束后鹅的羽毛开始生长，对环境温度抵抗力增强，但是也需要一定的保温措施。

（1）基本要求　育成舍的建筑结构简单，基本要求是鹅舍应坐北朝南，能遮风挡雨、夏季通风、冬季保暖、室内干燥。鹅舍下部适当封闭，以防止敌害；上部敞开，增加通风量，夏季应特别注意散热。见图2–16。

图2–16　生长育肥鹅舍

（2）建造要求　檐高

1.8 ~ 2.5米，宽8 ~ 15米，长度根据所养鹅群大小而定，一般为70米。一般开放性鹅舍按照每平方米饲养3 ~ 5只计算，舍外应有水陆运动场，鹅舍与陆地运动场面积的比例为1 ：1.5。鹅舍和运动场地面可铺砖或水泥，鹅舍地面要高出运动场20厘米左右，运动场做成斜坡形，北高南低；水上运动场设计在陆地运动场的南边，水深0.3 ~ 0.6米，水面大小可按每平方米水供7 ~ 8只鹅洗浴计算。网床养殖时，网床设计同育雏舍，但其网孔孔径较育雏时要大。育肥舍与育成舍结构大致相同，但是饲养密度相对大些，光线暗一些，以限制育肥鹅的运动，有利于鹅的育肥。

29. 以鹅为例，怎样设计建造种禽舍?

种鹅舍由鹅舍、陆地运动场和水上运动场构成，三者面积之比一般为1 ：（2 ~ 2.5）：（1.5 ~ 3），根据实际情况可适当调整。

（1）基本要求 种鹅舍要求防寒、隔热性能要好，有天花板或隔热装置更好。种鹅舍有单列式和双列式两种。单列式鹅舍冬暖夏凉，较少受季节和地区的限制，故大多采用这种方式；单列式鹅舍走道应设在北侧。双列式鹅舍中间设走道，两边都有陆地运动场和水上运动场；在冬天结冰的地区不宜采用双列式。

（2）建造要求 屋檐高1.8 ~ 2.0米。窗与地面面积比要求为1 ：（10 ~ 12）。气温高的地区朝南方向可以无墙，也可以不设窗户。舍内地面用水泥或砖铺成，高出舍外10 ~ 15厘米，并有适当坡度，以利于排水（图2–17）。饮水器置于较低处，并在其下面设置排水沟。种鹅舍内较高处设产蛋间，占地面积为舍内面积的1/6 ~ 1/5，产蛋间地面为沙土或木板，其上为柔软垫草。鹅舍外有陆地和水上运动场（图2–18），鹅舍前设2 ~ 3个小门与运动场相通。陆上运动场地面为夯实的沙土、壤土等，要求平整而有一定坡度，不宜形成积水；陆上运动场向下为水上运动场，其面积与舍内面积相等。陆上运动场与水上运动场的连接处用砖或水泥制成，有一定坡度（25° ~ 35°），水泥地设防滑面。水上与陆上运动场周围

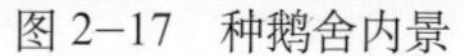

图 2-17　种鹅舍内景

图 2-18　种鹅舍运动场

设 1 ～ 1.2 米的围墙或围栏，中间连接处设遮阳棚。

每栋种鹅舍以养 400 ～ 500 只种鹅为宜；大型种鹅每平方米养 3 ～ 3.5 只。鹅舍周围应种一些矮树，树荫可使鹅群免受酷暑侵扰，保证鹅群正常生长和生产，或在水陆运动场交界处搭建凉棚。

第三章　水禽品种

第一节　水禽育种方法

30. 水禽的主要性状有哪些？其遗传特征如何？

（1）产蛋量　产蛋量是蛋禽最重要的生产性能，对于肉禽则是繁殖性能，是由多基因控制的数量性状，包括产蛋数、产蛋总重和产蛋率。产蛋量受环境如饲料、饲养、管理等因素影响较大，遗传力估计值较小（0.14～0.24），产蛋量与蛋重之间呈较高的遗传负相关，与成年体重、生长速度呈负相关。

（2）蛋重　蛋重不但决定产蛋总重，还与种蛋合格率、孵化率等有关，同时与产蛋母禽年龄等因素有关，蛋重的遗传力一般为0.5左右。

（3）蛋品质　包括蛋壳强度（遗传力0.3～0.4）、蛋白品质（遗传力0.38）、血斑和肉斑（遗传力约0.25）。

（4）受精率　受精率是一个复杂的性状，它受公、母禽双方生理机能和外界条件的影响，其遗传力很低，约为0.05。

（5）孵化率　遗传是影响孵化率的一个重要因素，还受孵化条件等其他因素的影响，其遗传力为0.1～0.15。

（6）体重和增重　体重是家禽的一个重要性状，对于肉用禽而言，早期体重是育种最重要的指标，对于蛋禽和种禽，体重是衡量生长发育程度和群体均匀度的重要指标。体重和增重均为高遗传力性状，遗传力为0.5 ~ 0.7。

（7）屠体性能 包括屠宰率（遗传力0.3）、腹脂率（遗传力0.5 ~ 0.8）等，其他各分割部分遗传力为0.4 ~ 0.6。

（8）饲料转化率 不同品种或品系具有不同饲料转化能力，遗传力为0.2 ~ 0.6。

31. 水禽选种的常用方法有哪些?

（1）根据体型外貌进行选择 体型外貌和生理特征能够反映出种禽的品种特点、生长发育和健康状况，可以作为判断种禽生产性能的基本条件。此方法必须在不同的生长发育阶段进行连续多次选择，适用于提供商品禽的繁殖场，在育种场可作为初选方法来用。

（2）根据记录资料进行选择 此方法是在育种场准确记录好主要经济性状的基础上，根据这些资料及遗传力进行更为有效的选种。

①根据双亲及祖代的成绩进行选择：适用于没有相关生产性能记录的育雏期、育成期和公禽。

②根据本身成绩选择：种鹅本身成绩反映了个体达到的生产水平，可作为选择的重要依据。此方法适用于遗传力高的能够活体直接度量的性状，如体重、蛋重、胸骨长等。

③根据同胞成绩选择：这种方法适用于早期选择公禽，根据其全同胞或半同胞姊妹的成绩决定公鹅的去留，如产蛋量、屠宰性能的选择。

④根据后裔成绩选择：主要应用于公禽，根据此方法选择的公禽不仅可以判断其本身是否优良，而且通过其后代的成绩可以判断它的优秀性能是否稳定遗传。

⑤家系选择与合并选择：家系选择是根据家系性状平均值的高低进行选择，合并选择是对家系均值及家系内偏差两部分给予不同程度的加权，以便更好地利用信息。

⑥综合指数选择：根据各性状的相对重要性和遗传力以及性状间的遗传相关和表型相关进行选择。

32. 水禽个体选配的方法有哪些?

个体选配就是为了获得优良的后代而确定个体交配关系的过程，是选种的继续。根据其选配的依据不一样，可分为品质选配、亲缘选配、年龄选配和体型选配。

（1）品质选配 品质选配是依据交配个体间的品质对比情况进行的一种选配方式，分为同质选配和异质选配。

①同质选配：以表型相似性为基础的选配，选择的双方性能越相似，越有可能将共同的优点遗传给后代，使优良基因纯合，多用于育种群。同质选配主要是使亲本的优良性状稳定地遗传给后代，并得以保持与巩固。

②异质选配：指选择具有不同生产性能或性状的优良公、母禽交配，这种选配可以增加后代杂合基因型的比例，降低后代与亲代的相似性，丰富后代的变异，提高后代的生活能力。在一个繁育群中，为了改良某些性状，可以采用异质选配的方法提高群体的生产品质。

（2）亲缘选配 亲缘选配是考虑交配双方亲缘远近的选配。如交配双方有较近的亲缘关系成为近亲交配，简称近交，畜牧学中将共同祖先的距离在6代以内的个体间的交配（后代近交系数大于0.007 8）称为近交，把6代以外个体间的交配称为远交。近交的主要作用是固定优良性状，暴露有害基因，保持优良个体血统，提高群体的同质性。杂交的作用是增加杂合子频率，提高群体均值，产生互补效应，改变子一代的遗传方差。

33. 什么是杂交和杂种优势?

杂交是现代畜禽生产中的一种主要方式，杂交可以充分利用种群间的互补效应。杂种优势是指不同种群杂交所产生的杂种往往在生活力、生长势和生产性能方面在一定程度上优于两个亲本种群平均值。杂种优势是杂合体在一种或多种性状上优于两个亲本的现象，例如不同品系、不同品种甚至不同种属间进行杂交所得到的杂种一代往往比它的双亲表现更强大的生长速率和代谢功能，从而导致器官发达、体型增大、产量提高，或者表现在抗病、抗虫、抗逆力、成活力、生殖力、生存力等的提高。杂种优势是生物界普遍存在的现象。

34. 水禽育种中如何利用杂种优势？

根据杂种优势的原理，利用育种手段改进和创新，可以使农（畜）产品获得显著增长。杂种优势在杂种玉米的应用为最早，成绩也最显著，一般可增产20%以上。随后在家蚕、家禽、猪、牛等动物中相继发展了杂种一代的生产利用。取得杂种优势的方法因不同物种的繁殖特点和可用的遗传特性而异。杂交用的亲本种群关系到杂种能否得到优良、高产及非加性效应大的基因，进而决定杂交能否取得最佳效果。选择杂交亲本需要注意品种或品系、对母本群和父本群的初步选择以及对亲本群的选育三个方面。杂种优势最终是通过不同种群的杂交来实现，常用的方式有二元杂交、三元杂交、回交、双杂交、轮回杂交等。影响杂交效果的因素有杂交种群的平均加性基因效应、种群间的遗传差异、性状遗传力、种群整齐度、母体效应等。杂交效果的预测要通过杂交试验确定，一般通过配合力的测定来最终确定杂交组合方式。

35. 水禽本品种选育及杂交利用模式有哪些？

不同品种具有不同的优势性状，一般表现在繁殖性能、生长速度、肉质等。本品种选育一般在准确进行种质特性评估的基础上，进一步提高品种所具有的优势性状，同时提高群体的整齐度，或者在维持该品种优势性状不降低的前提下，改良其劣势性状。在本品种选育的基础上，利用具有不同特点的品种杂交进行杂交育种，例如扬州鹅，就是利用了太湖鹅、四川白鹅等品种资源进行杂交育种而成。此方式所需周期相对较短，同时可以利用杂种优势，但要注意不能盲目杂交。

36. 水禽专门化选育及杂交利用模式有哪些?

新品系培育和配套系筛选是现代家禽育种的主要方法，在家禽育种中已广泛应用，也将是今后育种的基本趋势。根据市场对水禽产品的不同要求，充分利用地方品种及引入品种的优良基因资源，将经典家禽品系繁育理论与现代分子生物学技术和方法相结合，分别培育高繁殖率、生长快、优质的水禽专门化品系，通过品系间配合力测定，形成适合不同地区、不同市场需求的配套系并推广。目前水禽杂交繁育体系中用得较多的是两系杂交和三系杂交，三系杂交配套示意见图3-1。

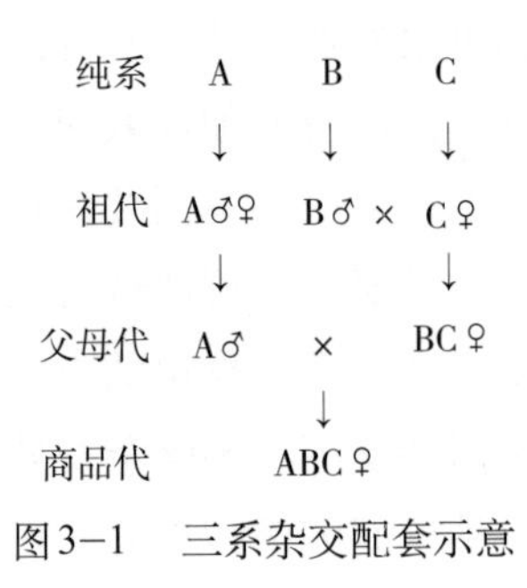

图3-1 三系杂交配套示意

第二节 鸭主要品种

37. 主要的国外肉鸭品种有哪些?

国外的肉鸭品种主要有樱桃谷鸭、狄高鸭、奥白星鸭、枫叶鸭和番鸭等。目前，樱桃谷鸭全球市场占有率超过七成，我国的市场占有率超过八成。樱桃谷鸭是由英国林肯郡樱桃谷公司培育成功的世界著名的瘦肉型鸭，具有生长快、瘦肉率高、净肉率高、饲料转化率高、抗病力强等优点。狄高鸭是澳大利亚狄高公司培育的大型配套系肉鸭。奥白星鸭是由法国奥白星公司采用品系配套方法选育的商用肉鸭，具有体型大、生长快、早熟、易肥和屠宰率高等优点。番鸭又称瘤头鸭、麝香鸭，原产于中美洲、南美洲，我国饲养的番鸭多由法国引进，主要分布于福建、江苏、浙江、广东、台湾等地。

38. 主要的国内肉鸭品种有哪些?

我国地方品种肉鸭有北京鸭、中国番鸭、高邮鸭、巢湖鸭、大余鸭、淮南麻鸭、临武鸭、靖西大麻鸭和四川麻鸭等。北京鸭是世界上著名的肉用型鸭标准品种，具有生长发育快、育肥性能好的特点，是闻名中外的"北京烤鸭"的制作原料，原产于北京西郊玉泉山一带，现已遍布世界各地。北京鸭先后被美国、英国、日本、俄罗斯等国家引进培育，樱桃谷鸭、狄高鸭等品种培育过程中都曾引入北京鸭。其他肉鸭多为中小型品种，其生长周期较长，肉质好，适用于板鸭、酱鸭、咸水鸭、樟茶鸭等产品的加工制作。

39. 川渝地区主要肉鸭品种有哪些?

（1）建昌鸭 建昌鸭属于肉蛋兼用型品种，原产于四川省西昌市及德昌县。建昌鸭体型较大，头大颈粗，喙宽呈黑色，胫、蹼橘黄色。成年体重公鸭2.7千克、母鸭2.4千克；180日龄开产，年产蛋140 ~ 150枚。

（2）四川麻鸭 四川麻鸭原产于四川盆地及盆周丘陵地区，属肉蛋兼用型地方品种。该品种体型较小，紧凑，颈细长，喙呈黄色，胫、蹼橘黄色，皮肤白色。成年体重公鸭1.7 ~ 2.2千克，母鸭1.8 ~ 2.1千克；70日龄平均体重1.4千克；母鸭150日龄开产，年产蛋数150枚，公母配比1 ： 10。

（3）天府肉鸭 由四川农业大学培育而成，1996年通过四川省畜禽品种审定委员会审定。该品种体型硕大丰满，羽毛洁白，喙、胫、蹼呈橙黄色，母鸭随着产蛋日龄的增长，颜色逐渐变浅，并出现黑斑。父母代成年体重公鸭3.2 ~ 3.3千克，母鸭2.8 ~ 2.9千克；开产日龄180 ~ 190天，入舍母鸭年产合格种蛋230 ~ 250个；种蛋受精率90%以上，每只母鸭提供健雏数180 ~ 190只。商品代49日龄活重3.0 ~ 3.2千克，料肉比（2.7 ~ 2.9）：1。见图3–2。

（4）花边鸭 在西南地区饲养量很大，由大型白羽肉鸭和地方麻鸭杂交而成。背部为白色，头、翅膀、腿部、脖子都是花色，因此叫作“花边鸭”。它比地方麻鸭品种生长快，深受老百姓的喜爱，以农户放养为主，是当地生产板鸭、卤鸭、酱鸭的重要原料（图3–3）。

图3–2 天府肉鸭

图3–3 花边鸭

40. 我国自主培育的肉鸭品种主要有哪些？

我国通过国家品种审定的肉鸭品种有三水白鸭（2003年）、仙湖肉鸭（2003年）、南口1号北京鸭（2005年）、Z型北京鸭（2006年）。

（1）三水白鸭 广东省佛山市联科畜禽良种繁育场与华南农业大学动物科学学院合作培育而成的国家级水禽新品种，具有父母代种鸭繁殖性能优越、商品代肉鸭早期生长速度快而且瘦肉率高等优点。

（2）仙湖肉鸭 由广东省佛山科学技术学院科研人员经过近10年研究培育出的高产、优质、专门化肉鸭配套系。

（3）南口1号北京鸭 商品鸭肉质细腻、鲜美、口感好，活鸭沉积脂肪能力强，烤出的鸭皮层松脆、入口即酥、肌肉柔软多汁，是优质烤鸭的原料。

（4）Z型北京鸭　生长速度、饲料转化效率、成活率和种鸭的产蛋率、受精率、孵化率等生产性能指标已经达到国际先进水平。

41. 主要的国外蛋鸭品种有哪些？

目前国外最著名的蛋鸭品种是咔叽－康贝尔鸭，简称康贝尔鸭。该鸭原产于英国，由英国康贝尔氏用印度跑鸭母鸭与法国鲁昂公鸭杂交，其后代母鸭再与绿头野鸭公鸭杂交培育而成。康贝尔鸭年产蛋260枚以上，蛋壳白色。康贝尔鸭具有产蛋性能好、皮薄骨细、瘦肉多、脂肪少的特点，著名的绍兴鸭配套系中含有康贝尔鸭血统。

42. 主要的国内蛋鸭品种有哪些？

我国地方品种中蛋用品种较多，包括绍兴鸭、金定鸭、连城白鸭、莆田黑鸭、山麻鸭、微山麻鸭、文登黑鸭、恩施麻鸭、荆江鸭、攸县麻鸭、麻旺鸭、三穗鸭、褐色菜鸭等。

（1）绍兴鸭　是我国最优秀的高产蛋鸭品种之一，原产于浙江省绍兴、萧山、诸暨等地。绍兴鸭具有产蛋多、成熟早、体型小、耗料少等优点，开产日龄104天，年产蛋数307枚，是我国蛋用型麻鸭中的高产品种之一，较适宜做配套杂交用的母本。

（2）金定鸭　属小型蛋用品种，原产于福建省龙海市紫泥镇金定村，中心产区为龙海、同安、石狮等地。是蛋鸭中的青壳蛋品种，青壳率100%，500日龄产蛋数288枚，蛋较大（平均蛋重72克）。

（3）连城白鸭　是我国具有特点的小型白羽蛋鸭品种。主产于福建省连城县，分布于长汀、上杭、永安和清流等地。全身羽毛白色，喙、蹼黑色或黑红色，是我国仅有的白羽蛋用型品种，具有耐粗饲、适应性强等特点，还具有一定的药用功效。

43. 我国自主培育的蛋鸭品种主要有哪些？

我国培育的蛋鸭品种有苏邮1号和国绍Ⅰ号蛋鸭配套系。

（1）苏邮1号蛋鸭配套系 由江苏高邮鸭集团和江苏省家禽科学研究所联合培育，2010年通过国家级畜禽新品种（配套系）审定，成为我国首个通过国家级新品种（配套系）审定的蛋鸭配套系。商品代开产日龄117天，72周龄产蛋数323枚，青壳率95.3%，产蛋期成活率97.7%，产蛋期料蛋比2.73 ： 1。

（2）国绍Ⅰ号蛋鸭配套系 由诸暨市国伟禽业有限公司和浙江省农业科学院共同培育，2015年通过国家新品种审定。商品代蛋鸭具有周期短、开产早，饲料消耗少、育成成本低，产蛋高峰持续时间长、产蛋量高、青壳率高、蛋壳质量好、破损率低等特点。72周龄平均产蛋数为327枚，总蛋重22.5千克，产蛋期料蛋比2.65 ： 1，入舍母鸭成活率98.24%，青壳率98.2%。

44. 川渝地区主要蛋鸭品种有哪些?

川渝地区蛋鸭专用品种较少，除肉蛋兼用品种建昌鸭和四川麻鸭外，仅有麻旺鸭一个专用蛋用型品种。

麻旺鸭原产于重庆市酉阳土家族苗族自治县麻旺镇，属于小型蛋鸭地方优良品种。100 ～ 120日龄开产，年产蛋220 ～ 260枚，母鸭无就巢性。麻旺鸭具有体重较轻、开产日龄早、产蛋量高、适应性较强、耐粗饲、耐高温高湿环境、抗逆性强、宜于稻田及河谷

图3–4 麻旺鸭

饲养等优点，具有很高的研究、开发和利用价值。见图3-4。

45. 怎样选择合适的鸭饲养品种?

我国鸭品种资源众多，有肉用型、蛋用型和兼用型之分，进行鸭养殖之前选择适宜的品种尤为重要。首先，根据周边市场的需求，决定饲养品种是肉用鸭、蛋用鸭还是兼用型。如果鸭类型定位不明确，可根据当地饲养环境条件和投资规模选择。大中城市近郊的农户可选择大型肉鸭或高产蛋鸭饲养，但资金投入相对较大；在交通欠发达的山区，可选择中小型鸭品种饲养，利用当地生态条件，采取放养或半放养的方式，减少养殖成本。其次，根据品种性能进行选择。在市场定位确定后，根据需求了解同一类型的品种性能，要选择性能最优的品种，肉鸭主要从生长速度、料肉比、均匀度和抗逆性来衡量，蛋鸭主要从产蛋量、蛋重和料蛋比等性能确定。

第三节　鹅主要品种

46. 主要的国外肉鹅品种有哪些?

目前，世界上鹅种多以肉用为主。国外品种有莱茵鹅、白罗曼鹅、爱姆登鹅和土鲁斯鹅等。

（1）莱茵鹅　原产于德国莱茵河流域，成年公鹅体重5 ~ 6千克，母鹅4.5 ~ 5千克，年产蛋50 ~ 60枚，是理想的父本，可与我国地方鹅杂交生产肉用鹅。

（2）白罗曼鹅　原产于意大利，后来丹麦、美国和我国台湾对白色罗曼鹅进行了较系统的选育。白罗曼鹅（图3-5）性成熟早，具有中等繁殖力，易于饲养，可以用于肉鹅和羽绒生产，也可用作杂交配套的父本改善其他品种的肉用性能和羽绒性能。成年公鹅体重6.0 ~ 6.5千克，母鹅重5.0 ~ 5.5千克，母鹅每羽年产蛋数

40 ～ 45个。

图3-5　白罗曼鹅

47. 主要的国内肉鹅品种有哪些？

我国地方肉用鹅品种主要有四川白鹅、皖西白鹅、浙东白鹅、狮头鹅、马冈鹅等。

（1）四川白鹅　四川白鹅原产地为四川省，分布于四川省及重庆市的部分地区，是全国分布最广的鹅种。其全身羽毛洁白，成年公鹅有半圆形肉瘤，70日龄体重公鹅3.5千克，母鹅3.1千克，开产日龄200 ～ 240天，年产蛋数60 ～ 80枚，高者可达110枚，母鹅无就巢性。见图3-6。

（2）皖西白鹅　皖西白鹅原产于安徽省六安市和河南省固始一带，是我国优良的中型鹅种，其早期生长快，羽绒朵大纯白。成年

图3-6　四川白鹅

图3-7　皖西白鹅

体重公鹅为6.1千克，母鹅为5.6千克，年平均产蛋22 ～ 25枚，每只鹅年产毛349克。皖西白鹅属中型鹅种，肉质好、绒质好，具有较高的利用价值。见图3–7。

（3）浙东白鹅　浙东白鹅原产于浙江宁波，中心产区为象山县，体型中等偏大，公鹅肉瘤高突，成年体重公鹅6.0千克，母鹅4.8千克，年产蛋数28 ～ 40枚，母鹅就巢性强。见图3–8。

（4）马冈鹅　马冈鹅原产于广东省开平市马冈镇，体型中等，灰羽，具有生长快、耐粗饲、早熟易肥、肉质鲜嫩等特点。70日龄体重公鹅4.2千克，母鹅3.6千克；成年体重公鹅为5.2千克，母鹅为3.4千克。母鹅140 ～ 150日龄开产，年产蛋34 ～ 37枚，平均蛋重为148克；公母配种比例1 ：（5 ～ 6），种蛋受精率79% ～ 84%，母鹅就巢性强。见图3–9。

图3–8　浙东白鹅

图3–9　马冈鹅

48. 我国自主培育的肉鹅品种有哪些?

目前，我国通过品种审定的培育肉鹅品种有扬州鹅和天府肉鹅。

（1）扬州鹅　扬州鹅是以太湖鹅、四川白鹅、皖西白鹅作为育种素材，由扬州大学和扬州市农业局共同培育而成，2006年通过国家畜禽遗传资源委员会审定，是我国第一个肉鹅培育品种，具有遗传稳定、繁殖率高、早期生长快、肉质优、耐粗饲、适应性强、仔鹅饲料转化率高和肉质细嫩等特点。扬州鹅体型中等，白羽，成年体重公鹅5.5千克，母鹅4.3千克，开产日龄185 ~ 200天，68周龄产蛋数58 ~ 62枚。见图3-10。

（2）天府肉鹅 天府肉鹅配套系由四川农业大学、四川省畜牧总站和德阳景程禽业有限责任公司合作培育，于2011年通过国家畜禽遗传资源委员会的审定。该配套系生长速度快、饲料报酬高。天府肉鹅父母代种鹅成年体重公鹅5.3 ~ 5.5千克，母鹅3.9 ~ 4.1千克，开产日龄200 ~ 210天，入舍母鹅年产蛋80 ~ 90枚，平均蛋重140克；商品代在放牧补饲饲养条件下，70日龄活重3.9千克，成活率达95%以上。见图3-11。

图3-10 扬州鹅

图3-11 天府肉鹅

49. 国外填饲鹅品种有哪些？

适于填饲生产肥肝的鹅品种多为体躯宽大、体重大、消化能力强的品种。国外填饲鹅品种主要有朗德鹅、图卢兹鹅、匈牙利鹅等。

图3-12 朗德鹅

（1）朗德鹅 原产于法国朗德省，是当今世界产肥肝性能最好的填饲鹅品种。成年公鹅7 ~ 8千克，成年母鹅6 ~ 7千克。8周龄仔鹅体重4.5千克左右，肉用仔鹅经填肥后重达10 ~ 11千克。肥肝均重700 ~ 800克。见图3−12。

（2）图卢兹鹅　又称茜蒙鹅，原产于法国西南部图卢兹镇，是世界上体型最大的鹅种，19世纪初由灰雁驯化选育而成。体型大，羽毛丰满，具有重型鹅的特征。成年公鹅体重12 ~ 14千克，母鹅9 ~ 10千克。强制填肥后每只鹅平均肥肝重可达1.0千克以上，最大肥肝重量可达1.8千克。

50. 我国填饲鹅品种有哪些？

我国填饲鹅品种主要有狮头鹅和溆浦鹅等。

（1）狮头鹅　原产于广东饶平县溪楼村，现中心产区位于潮州等地。狮头鹅是我国体型最大的鹅品种，具有生长快、饲养期短、耐粗饲、饲料转化效率高和适应性强等特点，可作为培育我国肥肝生产专用品种。头大颈粗，肉瘤发达，10周龄体重公鹅6.2千克，母鹅5.3千克。见图 3−13。

图 3−13　狮头鹅

（2）溆浦鹅　原产地为湖南省溆浦县，其体型高大，羽色有白、灰两种，以白色居多。溆浦鹅是中型偏大的优良地方鹅种，生长速度快，肉质好，肝用性能突出。成年体重公鹅5.3千克，母鹅5.28千克，年产蛋28枚，填饲2 ~ 4周后肥肝平均重656克。

51. 如何选择合适的鹅饲养品种？

在鹅的养殖中，选择合适的品种是确保养鹅效益的关键。应综合考虑当地市场条件和消费习惯等，选择最适合的品种，以达到养殖致富的目的。鹅的主要产品为毛、肉、蛋、肥肝等，虽然各种鹅均生产这些产品，但不同品种的鹅的生产用途有所不同。养鹅选择品种时，除应注重鹅的品种用途外，还应注重市场的需求趋势。由于鹅肉消费习惯的差异，我国形成了两大不同的鹅肉消费需求市场，一个是广东、广西、云南及港澳地区，市场对鹅品种的要求为灰羽、黑头和黑脚，饲养的品种主要以当地的灰鹅品种为主；我国其余绝大部分地区市场对鹅品种要求为白羽，且白羽鹅羽绒价值高，在相应地区发展养鹅生产应注重这点，选择相应品种。此外，鹅肥肝虽然价值高，但生产技术要求较高，只有大型公司才有能力进行开发，农户小规模生产不宜进行。另外，还要考虑鹅种的适应性，每个品种都是在特定环境条件下形成的，对原产地有特殊的适应能力，被引到其他地区之前，先少量引进观察其适应性。

第四章　水禽营养与饲料

第一节　水禽营养

52. 水禽所需的主要营养物质有哪些？

水禽所需的主要营养物质包括糖、脂肪、蛋白质、矿物元素、维生素和水等。

（1）蛋白质　营养价值取决于所含氨基酸的种类和比例，这些氨基酸可分为必需氨基酸和非必需氨基酸。必需氨基酸是必须由饲料供给的氨基酸。水禽必需氨基酸包括蛋氨酸、赖氨酸、色氨酸、苏氨酸、精氨酸、亮氨酸、异亮氨酸、胱氨酸、苯丙氨酸、组氨酸、缬氨酸、甘氨酸和酪氨酸等13种；非必需氨基酸指动物自身能够合成或需要较少，不经由饲料供给也能正常满足需要的氨基酸。

（2）矿物元素　分为常量元素（占体重0.01%以上）和微量元素（占体重0.01%以下）。鹅需要的常量元素主要有钙、磷、钠、氯、钾、镁、硫等，微量元素主要有铁、铜、锌、锰、碘、钴和硒等。

（3）维生素　分为脂溶性维生素和水溶性维生素两大类。脂溶性维生素包括维生素A、维生素D、维生素E和维生素K。水溶性维生素包括B族维生素（维生素B_1、维生素B_2、维生素B_6、维生素B_{12}、泛酸、叶酸、胆碱、烟酸和生物素等）和维生素C。

53. 水对水禽有何营养作用?

水是动物生命活动必不可少的重要物质，主要分布于体液、组织和器官中。水是各种营养物质的溶剂，参与物质代谢、营养物质吸收、运输及废物排除，缓冲体液的突然变化，还有调节体温、润滑组织器官等作用。当体内损失1% ~ 2%水分时，会引起水禽食欲减退，损失10%水分导致代谢紊乱，损失20%则发生死亡。水禽体内水分来源于饮水、饲料水和代谢水，其中饮水是获得水分的主要途径，占机体需要总量的80%以上。

54. 能量对水禽有何营养作用?

能量是动物一切生理活动的基础。水禽的呼吸、循环、消化、吸收、排泄、体温调节、运动、生产等都需要能量。能量存在于营养物质分子的化学键中，主要来源于饲料中的糖类、脂肪和蛋白质。能量摄入超过机体需要时，多余部分会转化为脂肪，储存于皮下、肌肉、肠系膜以及肾脏周围等部位；当日粮能量水平过低时，鹅健康恶化、生产能力下降。

55. 蛋白质和氨基酸对水禽有何营养作用?

蛋白质是由氨基酸通过肽键结合而成的具有一定结构和功能的复杂有机化合物，是鹅必需的营养物质，不能由其他营养物质替代，必须由饲料提供。蛋白质是构成各种组织，维持正常代谢、生长、繁殖等所必需的营养物质，是体组织细胞的主要组成成分，是鹅体内一切组织和器官如肌肉、神经、皮肤、血液、内脏、甚至骨骼以及各种产品如羽毛、皮等的主要成分。在鹅的生命活动中，各种组织需要不断利用蛋白质来增长、修补和更新。

56. 矿物元素对水禽有何营养作用?

矿物质是水禽正常生长、繁殖和生产过程中不可缺少的营养物质。在体内具有生理功能的必需矿物元素有22种。常量矿物元素主要有钙、磷、钠、氯、钾、镁和硫等，微量矿物元素主要有铁、铜、锌、锰、碘、钴、硒等。矿物元素缺乏或不足会导致动物严重的物质代谢障碍，生产性能下降，甚至导致死亡。矿物元素过多则会引起机体代谢紊乱，严重时导致中毒或死亡。矿物元素对水禽的营养功能和缺乏时产生的症状见表4–1。

表4–1　矿物元素对水禽的营养作用（以鹅为例）

大类	名称	功能	缺乏症
常量元素	钙	构成骨骼、蛋壳成分，参与维持神经、肌肉的正常生理活动，促进血液凝固，并且是多种酶的激活剂	缺钙易患软骨病，关节肿大，骨端粗大，腿骨弯曲或瘫痪，有时胸骨呈S形；种鹅缺钙，蛋壳变薄，软壳和畸形蛋增多，产蛋率和孵化率下降
	磷	参与骨骼形成，而且参与碳水化合物与脂肪代谢，维持细胞膜功能和保持酸碱平衡等	缺磷时，鹅食欲减退，生长缓慢，饲料利用率降低，严重时关节硬化
	钠	维持鹅体内酸碱平衡、保持细胞和血液间渗透压的平衡，调节水盐代谢，维持神经肌肉的正常兴奋性，还有促进鹅生长发育的作用	
	氯	具有维持渗透压、促进食欲和帮助消化等作用	
	钾	具有钠类似的作用，与维持水分和渗透压的平衡有着密切关系，参与红细胞和肌肉的生长发育调控	
	镁	参与维持神经、肌肉兴奋性	肌肉痉挛，步态蹒跚，生长受阻，产蛋量下降等
微量元素	铁	血红蛋白、肌红蛋白和细胞色素及多种辅酶的成分，参与红细胞运送氧、释放氧、生物氧化供能等	鹅食欲不振、贫血和羽毛生长不良等
	铜	酶的组成部分，参与体内血红蛋白合成及某些氧化酶的合成与激活，促进血红蛋白吸收和血红蛋白的形成	雏鹅发生贫血、骨质疏松、羽毛褪色等
	锌	多种酶的成分，影响骨骼和羽毛生长，促进蛋白质合成、调节繁殖和免疫机能	食欲不振，生长停滞，关节肿大，羽毛发育不良；产软壳蛋，产蛋量和孵化率下降等

（续）

大类	名称	功能	缺乏症
微量元素	锰	蛋白质、脂肪和碳水化合物代谢酶类的组成部分，参与骨骼形成和养分代谢调控	骨骼发育不良，出现骨粗短症，并可引发神经症状，共济失调；母鹅产蛋量与种蛋受精率降低
	钴	维生素B_{12}的组成成分	贫血、骨粗短症，关节肿大；母鹅产蛋率下降，种蛋受精率和孵化率下降
	碘	甲状腺素的重要组成成分，并通过甲状腺素发挥其生理作用，对细胞的生物氧化、生长和繁殖以及神经系统的活动均有促进作用	鹅生长受阻，甲状腺肿大，种鹅产蛋量减少、种蛋受精率和孵化率下降
	硒	谷胱甘肽过氧化物酶的成分，具有抗氧化功能，有助于清除自由基，保护细胞膜等作用	动物生长迟缓，渗出性素质，肌营养不良、白肌病，肝坏死

57. 维生素对水禽有何营养作用？

维生素是动物维持正常生理活动和生长、繁殖等所必需，而需要量极少的一类低分子有机化合物。大多数维生素在体内不能合成，必须由饲料供给。按其溶解性，维生素可分为脂溶性维生素和水溶性维生素两大类。脂溶性维生素包括维生素A、维生素D、维生素E、维生素K，这类维生素与脂肪同时存在，如果条件不利于脂肪吸收，维生素的吸收也受到影响，脂溶性维生素可在体内储存，一般较长时间缺乏才会出现缺乏症。水溶性维生素包括B族维生素（维生素B_1、维生素B_2、维生素B_6、维生素B_{12}、泛酸、叶酸、胆碱、烟酸、生物素等）和维生素C。除维生素B_{12}外，其余水溶性维生素几乎不能在体内储存。绝大多数维生素在体内不能合成或合成量少，不能满足需要，必须由饲料供给。青绿饲料中维生素含量丰富，在供给充足青绿饲料条件下，一般不会发生维生素缺乏症。维生素对水禽的营养功能和缺乏时产生的症状见表4–2。

表4–2　维生素对水禽的营养作用（以鹅为例）

大类	名称	功能	缺乏症	来源
脂溶性维生素	维生素A	参与维持正常视觉及对弱光的敏感性，保护呼吸、消化、泌尿系统和皮肤上皮的完整性，促进骨骼生长发育，提高免疫力	易患夜盲症、眼干燥症，种鹅产蛋量下降、种蛋孵化率降低，免疫力下降	鱼肝油，豆科牧草和青绿饲料含有较多维生素A前体物质——胡萝卜素
	维生素D	促进肠道钙、磷吸收和骨骼钙化	生长缓慢、佝偻病和腿畸形，蛋壳变薄，孵化率低	动物肝脏，牧草和动物经太阳光照射，可将其所含维生素D的前体物质转化为维生素D
	维生素E	抗氧化，维护生物膜完整性，保护生殖机能，提高免疫力和抗应激能力，并与神经、肌肉组织的代谢有关	繁殖功能紊乱，胚胎退化，种蛋受精率和孵化率下降，脑软化，肌肉营养不良（白肌病），免疫和抗应激能力下降	谷类粮食、绿色饲料、优质干草
	维生素K	参与凝血活动	凝血时间延长，皮下或肌肉发生出血，小伤口不易止血，创面的愈合时间延长	青绿饲料、肝、蛋、鱼粉
水溶性维生素	维生素B_1	参与糖类代谢，抑制胆碱酯酶活性，减少乙酰胆碱水解，促进胃肠蠕动和腺体分泌	多发性神经炎	酵母、谷物
	维生素B_2	以辅基形式与特定酶蛋白结合形成多种黄素蛋白酶，进而参与糖类、脂肪和蛋白质代谢	腿部瘫痪、蹼弯曲呈拳状、跗关节着地、用跗关节行走，皮肤干燥而粗糙；种鹅腹泻、垂翅、产蛋率和种蛋孵化率降低	绿色的叶子、鱼粉、饼粕、酵母、乳清、酿酒残液、动物肝脏
	维生素B_6	参与糖类、脂肪和蛋白质代谢，与红细胞生成和内分泌有关	生长缓慢，羽毛发育不良、贫血、繁殖力下降、抽搐	酵母、肝脏、肌肉、乳清、谷物及其副产物、蔬菜

（续）

大类	名称	功能	缺乏症	来源
水溶性维生素	维生素B_{12}	参与核酸和蛋白质合成，促进红细胞形成、发育成熟，维持神经系统的完整	生长缓慢、羽毛粗乱、贫血、肌胃糜烂、饲料转化效率低	骨粉、鱼粉、肝脏、肉粉
	烟酸	参与糖类、脂类和蛋白质代谢，尤其在体内供能代谢的反应中起重要作用	食欲减退，生长迟缓，羽毛不丰满、蓬乱，口腔和食管上部易发生炎症，皮肤和脚偶尔有鳞状皮炎，骨粗短，关节肿大；成年鹅发生“黑舌病”，羽毛脱落，产蛋率下降，生长不良	动物性产品、酒糟、发酵液以及油饼类饲料
	泛酸	参与糖类、脂肪和氨基酸代谢	雏鹅生长受阻，羽毛松乱、生长不良，进而表现为皮炎，眼睑出现颗粒状小结痂并粘连，皮肤和黏膜变厚并角质化；种鹅繁殖力下降，孵化过程中胚胎死亡率升高	苜蓿、花生饼、糖蜜、酵母、米糠和小麦麸、谷物种子等
	叶酸	参与蛋白质和核酸代谢，促进红细胞和血红蛋白形成，维持正常免疫功能	生长不良、羽毛褪色、出现血红细胞性贫血与白细胞减少，产蛋率、孵化率下降，胚胎死亡率高	广泛存在于动植物产品中
	生物素	以辅酶的形式参与糖类、脂肪和蛋白质的代谢	生长缓慢，喙、眼睑、泄殖腔周围及趾蹼部有裂口，发生皮炎，胫骨粗短，孵化率降低，胚胎骨骼畸形，呈鹦鹉嘴症	广泛分布于动植物中
	胆碱	参与脂肪代谢，防止脂肪肝的形成；作为神经递质组成部分，参与神经信号传导	胫骨粗短，关节变形，出现滑腱症，生长迟缓，种鹅产蛋率下降，死亡率升高	肝、鱼粉、酵母、豆饼及谷物籽实

（续）

大类	名称	功能	缺乏症	来源
水溶性维生素	维生素C	参与胶原蛋白的生物合成，影响骨骼和软组织的正常结构，具有解毒和抗氧化功能，能提高机体免疫力和抗应激能力	鹅黏膜发生自发性出血，生长停滞，代谢紊乱，抗感染和抗应激能力降低，蛋壳变薄	青绿饲料和水果

第二节　水禽饲料

58. 水禽常用的饲料有哪些种类？

水禽饲料是指在合理饲喂条件下能对水禽提供营养物质，调控生理机能，改善水禽产品品质，且不产生有毒、有害作用的物质。国际饲料分类法将饲料分为八大类，分别为粗饲料、青绿饲料、青贮饲料、能量饲料、蛋白质补充料、矿物质饲料、维生素饲料和饲料添加剂。

59. 水禽常用的能量饲料有哪些？

能量饲料系指干物质中粗纤维含量小于或等于18%、粗蛋白质小于20%的饲料。能量饲料包括禾谷类籽实、糠麸类、块根茎类及油脂类。水禽常用能量饲料营养特点及其使用要点见表4–3。使用要点以鹅为例。

表4–3　常用能量饲料营养特点及使用要点

饲料名称	营养特点	使用要点
禾谷类籽实		
玉米	号称“能量之王”，能值高（代谢能高达13.39兆焦/千克）；根据颜色不同，玉米可分为黄玉米和白玉米。黄玉米含有较多胡萝卜素，可作为维生素A来源。黄玉米还含有叶黄素，有助于蛋黄和皮肤的着色	用量一般在30%～65%

（续）

饲料名称	营养特点	使用要点
小麦	小麦能值较高（代谢能达12.5兆焦/千克），但稍低于玉米，粗蛋白质含量较高，氨基酸组成高于玉米，但苏氨酸和赖氨酸缺乏，钙磷比例失当	小麦中含有较高戊糖，大量使用易引起肠道内容物黏度增加。用量一般不超过30%
大麦	能值水平较高（代谢能达11.34兆焦/千克），低于玉米和小麦	大麦皮壳粗硬，难以消化，最好脱壳、破碎或发芽后饲喂。大麦在鹅饲料中用量为10%～25%
高粱	高粱代谢能含量为12.0～13.7兆焦/千克，蛋白质含量低、品质差，含有单宁等抗营养因子	用量一般不超过15%
稻谷	稻谷能值较低（代谢能约为10.77兆焦/千克），粗纤维含量较高，粗蛋白质含量比玉米低。适口性差、可消化率低，稻谷去壳后的糙米和制米筛分出的碎米是鹅优质能量饲料来源	鹅饲料中用量不宜超过10%。糙米可用10%～60%，碎米可用30%～50%
糠麸类		
米糠	米糠所含代谢能较低（约为玉米的一半），粗脂肪含量较高	易氧化酸败，不宜久存。米糠在雏鹅日粮中可用5%～10%，育成鹅可用10%～20%
小麦麸	是小麦加工成面粉时的副产品，其营养价值与出粉率有关。小麦麸能值较低，蛋白质含量较高，氨基酸水平与小麦相似，钙少磷多，B族维生素丰富，体积大而蓬松，有轻泻作用	在鹅饲料中用量为5%～20%
次粉	是面粉加工时的副产物。适口性好，营养价值高。与小麦相似，多喂时会产生黏嘴现象，但制成颗粒料时则无此问题	在饲料中用量为10%～20%
块根茎类		
甘薯、马铃薯、木薯	含水量高，70%～90%。干物质中，淀粉含量高，粗蛋白质和粗纤维含量低，矿物质含量不平衡	甘薯粉可占日粮的10%，马铃薯可用10%～30%，木薯用量在10%以下

（续）

饲料名称	营养特点	使用要点
胡萝卜	类胡萝卜素（维生素A前体）含量丰富	宜生喂
油脂类		
油脂	包括动物油脂（猪油、牛油和禽油等）和植物油脂（豆油、菜籽油、棕榈油等），是优质的能量来源。添加油脂可提供必需脂肪酸，有利于促进脂溶性维生素吸收，改善制粒效果，提高采食量并减轻热应激。在使用时，应注意防止脂肪的氧化酸败	用量一般不宜超过5%

60. 水禽常用的蛋白质饲料有哪些？

蛋白质饲料系指干物质中粗纤维含量在18%以下，粗蛋白质含量在20%以上的饲料。水禽常用的蛋白质饲料营养特点及其使用要点见表4–4。使用要点以鹅为例。

表4–4　常用蛋白质饲料营养特点及使用要点

饲料名称	营养特点	使用要点
植物性蛋白饲料		
豆粕（饼）	粗蛋白质含量为40%～46%，赖氨酸含量较高，蛋氨酸和胱氨酸含量不足	生豆粕（饼）含胰蛋白酶抑制因子、血凝素和皂角素等抗营养因子，热处理可破坏以上抗营养因子，因此应熟喂。用量可占鹅日粮的10%～25%
菜籽粕（饼）	粗蛋白质含量为35%～40%，含硫氨基酸、赖氨酸含量丰富，精氨酸不足。菜籽粕（饼）含有硫代葡萄糖苷等抗营养因子，可降低饲料适口性，引发甲状腺肿大	用量控制在5%～8%较为适宜
棉籽粕（饼）	粗蛋白质含量在33%～40%，蛋氨酸和赖氨酸含量低，精氨酸含量高	棉籽粕（饼）含有棉酚，食入过多，对体组织和代谢有破坏作用，并损害动物繁殖机能，在饲料中的用量一般不超过8%

（续）

饲料名称	营养特点	使用要点
玉米干酒糟及可溶物（DDGS）	粗蛋白质含量约30%，富含氨基酸、矿物质和维生素。酒糟中蛋白质、氨基酸及B族维生素含量均高于玉米，且含有发酵生成的未知促生长因子	
动物性蛋白饲料		
鱼粉	蛋白质含量为60%～70%，赖氨酸和蛋氨酸含量丰富，钙、磷含量丰富，且比例适宜	在饲料配方中一般不超过5%
肉骨粉	粗蛋白质含量在20%～55%，赖氨酸含量丰富，钙、磷、维生素B_{12}含量高	在饲料中的用量不宜超过5%
血粉	蛋白质含量高，达80%～90%，赖氨酸、色氨酸、苏氨酸和组氨酸含量较高，蛋氨酸和异亮氨酸缺乏。血粉味苦、适口性差，消化率低	在日粮中用量为1%～3%
蚕蛹	粗蛋白质含量为60%～68%，蛋氨酸、赖氨酸和核黄素含量较高。蚕蛹脂肪含量较高，易酸败变质，影响适口性和肉蛋品质	在日粮的用量可占5%左右

61. 水禽常用的矿物质饲料有哪些？

水禽常用的矿物质饲料种类及用量见表4-5。

表4-5 水禽常用的矿物质饲料种类及用量

矿物质元素名称	饲料名称	含量（%）	饲料中用量（%）
氯、钠	食盐		0.25～0.5
钙、磷	石灰石粉	钙35.0	0.5～3
	磷酸氢钙（无水）	钙29.6 磷22.7	

（续）

矿物质元素名称	饲料名称	含量（%）	饲料中用量（%）
钙、磷	磷酸二氢钙	钙15.9 磷24.5	1 ~ 2
	骨粉	钙30 ~ 35 磷13 ~ 15	
铁	七水硫酸亚铁 一水硫酸亚铁	20.1 32.9	
铜	五水硫酸铜 一水硫酸铜	25.5 35.8	
锰	五水硫酸锰 一水硫酸锰	22.8 32.5	
锌	七水硫酸锌 一水硫酸锌 氧化锌	22.75 36.45 80.3	
硒	亚硒酸钠 硒酸钠	45.6 41.77	
碘	碘化钾 碘化钙	76.45 65.1	

62. 水禽常用的维生素饲料有哪些？

维生素补充饲料包括水溶性维生素和脂溶性维生素两大类，部分产品见表4-6。

表4-6　部分维生素制剂

种类	名称	产　品
脂溶性维生素	维生素A	维生素A油、维生素A醋酸酯、维生素A棕榈酸酯、维生素A丙酸酯、胡萝卜素
	维生素D	维生素D_2、维生素D_3
	维生素E	α－生育酚醋酸酯、α－生育酚
	维生素K	甲萘醌、亚硫酸氢钠甲萘醌、亚硫酸嘧啶甲萘醌、二氢萘醌二醋酸酯、乙酰甲萘醌

（续）

种类	名称	产　品
水溶性维生素	维生素B_1	维生素B_1硫酸盐、维生素B_1硝酸盐
	维生素B_2	烟酸和烟酰胺
	泛酸	DL-泛酸钙、D-泛酸钙
	维生素B_6	吡哆醇盐酸盐
	维生素B_{12}	氰钴胺素、羧钴胺素、硝钴胺素、氯钴胺素、硫钴胺素
	维生素C	L-抗坏血酸、抗坏血酸钠、抗坏血酸钙、抗坏血酸棕榈酸酯

63. 水禽常用的添加剂有哪些？

添加剂是指添加到饲粮中能保护饲料中的营养物质、促进营养物质的消化吸收、调节机体代谢、增进动物健康，从而改善营养物质的利用效率、提高动物生产水平、改进动物产品品质的物质的总称。添加剂可分为营养性添加剂和非营养性添加剂。

（1）营养性添加剂　包括氨基酸添加剂、维生素添加剂和微量元素添加剂。常见的氨基酸添加剂有DL-蛋氨酸、蛋氨酸羟基类似物，L-赖氨酸盐酸盐、L-赖氨酸硫酸盐，色氨酸，苏氨酸，L-精氨酸盐酸盐等。常用的维生素添加剂包括动物生产所需的十余种维生素单体。

（2）非营养性添加剂　不提供家禽必需的营养物质，但添加到饲料中可以产生良好的效果，有的可以预防疾病、促进食欲，有的可以提高产品质量和延长饲料的保质期限等。常用的非营养性添加剂有抗生素（硫酸黏杆菌素、恩拉霉素、黄霉素等）、抗氧化剂（二丁基羟基甲苯、丁羟基茴香醚、乙氧基喹啉等）、防霉剂（山梨酸钠、丙酸钙等）、酶制剂（淀粉酶、木聚糖酶、纤维素酶、植酸酶等）、酸化剂（柠檬酸、富马酸、苯甲酸等）、益生素（乳酸杆菌、芽孢杆菌、双歧杆菌和酵母等）、益生元（大豆寡糖、纤维寡糖）等。

饲料添加剂的使用应遵循农业农村部等发布的《饲料添加剂品种目录》《饲料药物添加剂允许使用品种目录》《饲料添加剂安全使用规范》《兽药停药期规定》等规定，不可违法（规）添加使用。

第三节　饲养标准与饲料配方

64. 什么是饲养标准?

为了合理地饲养动物，既要满足其营养需要，充分发挥它们的生产性能，又要降低饲料消耗，获得最大的经济效益，必须科学地对不同品种、不同用途、不同日龄鸭、鹅的营养物质需要量规定一个标准，这个标准就是饲养标准。饲养标准种类很多，大致可分为两类。一类是国家规定和颁布的饲养标准，称为国家标准，如我国的饲养标准、美国的NRC饲养标准、英国的ARC饲养标准等。另一类是大型育种公司根据各自培育的优良品种或品系的特点，制定的符合该品种或品系营养需要的饲养标准，称为专用标准。

65. 我国鸭饲养标准的主要内容是什么?

我国于2012年颁布了第一个肉鸭饲养标准（NY/T 2122—2012）。该标准主要包括能量、蛋白质、必需氨基酸、矿物质和维生素等多项指标。表4-7至表4-11分别列出了几个品种鸭的饲养标准部分内容，供参考使用。

表4-7　商品代北京鸭营养需要量（NY/T 2122—2012）

营养指标	育雏期（1 ~ 2周）	生长期（3 ~ 5周）	育肥期（6 ~ 7周）	
			自由采食	填饲
鸭表观代谢能，兆焦/千克	12.14	12.14	12.35	12.56
粗蛋白质，%	20.0	17.5	16.0	14.5

（续）

营养指标	育雏期（1～2周）	生长期（3～5周）	育肥期（6～7周）	
			自由采食	填饲
钙，%	0.90	0.85	0.80	0.80
总磷，%	0.65	0.60	0.55	0.55
非植酸磷，%	0.42	0.40	0.35	0.35
钠，%	0.15	0.15	0.15	0.15
氯，%	0.12	0.12	0.12	0.12
赖氨酸，%	1.10	0.85	0.65	0.60
蛋氨酸，%	0.45	0.40	0.35	0.30
蛋氨酸+胱氨酸，%	0.80	0.70	0.60	0.55
苏氨酸，%	0.75	0.60	0.55	0.50
精氨酸，%	0.95	0.85	0.70	0.70
异亮氨酸，%	0.72	0.57	0.45	0.42
维生素A，国际单位/千克	4 000	3 000	2 500	2 500
维生素D_3，国际单位/千克	2 000	2 000	2 000	2 000
维生素E，国际单位/千克	20	20	10	10
维生素K_3，毫克/千克	2.0	2.0	2.0	2.0
维生素B_1，毫克/千克	2.0	1.5	1.5	1.5
维生素B_2，毫克/千克	10	10	10	10
烟酸，毫克/千克	50	50	50	50
泛酸，毫克/千克	20	10	10	10
维生素B_6，毫克/千克	4.0	3.0	3.0	3.0
维生素B_{12}，毫克/千克	0.02	0.02	0.02	0.02
生物素，毫克/千克	0.15	0.15	0.15	0.15
叶酸，毫克/千克	1.0	1.0	1.0	1.0
胆碱，毫克/千克	1 000	1 000	1 000	1 000
铜，毫克/千克	8.0	8.0	8.0	8.0
铁，毫克/千克	60	60	60	60
锰，毫克/千克	100	100	100	100
锌，毫克/千克	60	60	60	60
硒，毫克/千克	0.30	0.30	0.20	0.20
碘，毫克/千克	0.40	0.40	0.30	0.30

注：营养需要量数据以饲料干物质含量87%计。

表4-8 北京鸭种鸭营养需要量（NY/T 2122—2012）

营养指标	育雏期（1～3周）	育成前期（4～8周）	育成后期（9～22周）	产蛋前期（23～26周）	产蛋前期（27～45周）	产蛋前期（46～70周）
鸭表观代谢能，兆焦/千克	11.93	11.93	11.30	11.72	11.51	11.30
粗蛋白质，%	20.0	17.5	15.0	18.0	19.0	20.0
钙，%	0.90	0.85	0.80	2.00	3.10	3.10
总磷，%	0.65	0.60	0.55	0.60	0.60	0.60
非植酸磷，%	0.40	0.38	0.35	0.38	0.38	0.38
钠，%	0.15	0.15	0.15	0.15	0.15	0.15
氯，%	0.12	0.12	0.12	0.12	0.12	0.12
赖氨酸，%	1.05	0.85	0.65	0.80	0.95	1.00
蛋氨酸，%	0.45	0.40	0.35	0.40	0.45	0.45
蛋氨酸+胱氨酸，%	0.80	0.70	0.60	0.70	0.75	0.75
苏氨酸，%	0.75	0.60	0.50	0.60	0.65	0.70
色氨酸，%	0.22	0.18	0.16	0.20	0.20	0.22
精氨酸，%	0.95	0.80	0.70	0.90	0.90	0.95
异亮氨酸，%	0.72	0.55	0.45	0.57	0.68	0.72
维生素A，国际单位/千克	6 000	3 000	3 000	8 000	8 000	8 000
维生素D_3，国际单位/千克	2 000	2 000	2 000	3 000	3 000	3 000
维生素E，国际单位/千克	20	20	10	30	30	40
维生素K_3，毫克/千克	2.0	1.5	1.5	2.5	2.5	2.5
维生素B_1，毫克/千克	2.0	1.5	1.5	2.0	2.0	2.0
维生素B_2，毫克/千克	10	10	10	15	15	15

（续）

营养指标	育雏期（1～3周）	育成前期（4～8周）	育成后期（9～22周）	产蛋前期（23～26周）	产蛋前期（27～45周）	产蛋前期（46～70周）
烟酸，毫克/千克	50	50	50	50	60	60
泛酸，毫克/千克	10	10	10	20	20	20
维生素B_6，毫克/千克	4.0	3.0	3.0	4.0	4.0	4.0
维生素B_{12}，毫克/千克	0.02	0.01	0.01	0.02		0.02
生物素，毫克/千克	0.20	0.10	0.10	0.20	0.20	0.20
叶酸，毫克/千克	1.0	1.0	1.0	1.0	1.0	1.0
胆碱，毫克/千克	1 000	1 000	1 000	1 500	1 500	1 500
铜，毫克/千克	8.0	8.0	8.0	8.0	8.0	8.0
铁，毫克/千克	60	60	60	60	60	60
锰，毫克/千克	80	80	80	100	100	100
锌，毫克/千克	60	60	60	60	60	60
硒，毫克/千克	0.20	0.20	0.20	0.30	0.30	0.30
碘，毫克/千克	0.40	0.30	0.30	0.40	0.40	0.40

注：营养需要量数据以饲料干物质含量87%计。

表4-9　番鸭营养需要量（NY/T 2122—2012）

营养指标	育雏期（1～3周）	生长期（4～8周）	育肥期（9周至上市）	种鸭育成期（9～26周）	种鸭产蛋期（27～65周）
鸭表观代谢能，兆焦/千克	12.14	11.93	11.93	11.30	11.30

（续）

营养指标	育雏期（1～3周）	生长期（4～8周）	育肥期（9周至上市）	种鸭育成期（9～26周）	种鸭产蛋期（27～65周）
粗蛋白质，%	20.0	17.5	15.0	14.5	18.0
钙，%	0.90	0.85	0.80	0.80	3.30
总磷，%	0.65	0.60	0.55	0.55	0.60
非植酸磷，%	0.42	0.38	0.35	0.35	0.38
钠，%	0.15	0.15	0.15	0.15	0.15
氯，%	0.12	0.12	0.12	0.12	0.12
赖氨酸，%	1.05	0.80	0.65	0.60	0.80
蛋氨酸，%	0.45	0.40	0.35	0.30	0.40
蛋氨酸+胱氨酸，%	0.80	0.75	0.60	0.55	0.72
苏氨酸，%	0.75	0.60	0.45	0.45	0.60
色氨酸，%	0.20	0.18	0.16	0.16	0.18
精氨酸，%	0.70	0.55	0.50	0.42	0.68
异亮氨酸，%	0.90	0.80	0.65	0.65	0.80
维生素A，国际单位/千克	4 000	3 000	2 500	3 000	8 000
维生素D_3，国际单位/千克	2 000	2 000	1 000	1 000	3 000
维生素E，国际单位/千克	20	10	10	10	30
维生素K_3，毫克/千克	2.0	2.0	2.0	2.0	2.5
维生素B_1，毫克/千克	2.0	1.5	1.5	1.5	2.0
维生素B_2，毫克/千克	12.0	8.0	8.0	8.0	15.0
烟酸，毫克/千克	50	30	30	30	50

（续）

营养指标	育雏期（1～3周）	生长期（4～8周）	育肥期（9周至上市）	种鸭育成期（9～26周）	种鸭产蛋期（27～65周）
泛酸，毫克/千克	10	10	10	10	20
维生素B_6，毫克/千克	3.0	3.0	3.0	3.0	4.0
维生素B_{12}，毫克/千克	0.02	0.02	0.02	0.02	0.02
生物素，毫克/千克	0.20	0.10	0.10	0.10	0.20
叶酸，毫克/千克	1.0	1.0	1.0	1.0	1.0
胆碱，毫克/千克	1 000	1 000	1 000	1 000	1 500
铜，毫克/千克	8.0	8.0	8.0	8.0	8.0
铁，毫克/千克	60	60	60	60	60
锰，毫克/千克	100	80	80	80	100
锌，毫克/千克	60	40	40	40	60
硒，毫克/千克	0.20	0.20	0.20	0.20	0.30
碘，毫克/千克	0.40	0.40	0.30	0.30	0.40

注：营养需要量数据以饲料干物质含量87%计。

表4-10 肉蛋兼用型肉鸭营养需要量（NY/T 2122—2012）

营养指标	育雏期（1～3周）	生长期（4～7周）	肥育期（8周至上市）
鸭表观代谢能，兆焦/千克	12.14	11.72	12.14
粗蛋白质，%	20.0	17.0	15.0
钙，%	0.9	0.85	0.80
总磷，%	0.65	0.60	0.55
非植酸磷，%	0.42	0.38	0.35

（续）

营养指标	育雏期（1～3周）	生长期（4～7周）	肥育期（8周至上市）
钠，%	0.15	0.15	0.15
氯，%	0.12	0.12	0.12
赖氨酸，%	1.05	0.85	0.65
蛋氨酸，%	0.42	0.38	0.35
蛋氨酸+胱氨酸，%	0.78	0.70	0.60
苏氨酸，%	0.75	0.60	0.50
色氨酸，%	0.20	0.18	0.16
精氨酸，%	0.90	0.80	0.70
异亮氨酸，%	0.70	0.55	0.45
维生素A，国际单位/千克	4 000	3 000	2 500
维生素D_3，国际单位/千克	2 000	2 000	1 000
维生素E，国际单位/千克	20	20	10
维生素K_3，毫克/千克	2.0	2.0	2.0
维生素B_1，毫克/千克	2.0	1.5	1.5
维生素B_2，毫克/千克	8.0	8.0	8.0
烟酸，毫克/千克	50	30	30
泛酸，毫克/千克	10	10	10
维生素B_6，毫克/千克	3.0	3.0	3.0
维生素B_{12}，毫克/千克	0.02	0.02	0.02
生物素，毫克/千克	0.20	0.20	0.20
叶酸，毫克/千克	1.0	1.0	1.0
胆碱，毫克/千克	1 000	1 000	1 000
铜，毫克/千克	8.0	8.0	8.0
铁，毫克/千克	60	60	60
锰，毫克/千克	100	100	100
锌，毫克/千克	40	40	40
硒，毫克/千克	0.20	0.20	0.20
碘，毫克/千克	0.40	0.30	0.30

注：营养需要量数据以干物质含量87%计。

表4-11 肉蛋兼用型肉鸭种鸭营养需要量（NY/T 2122—2012）

营养指标	育雏期（1～3周）	育成前期（4～7周）	育成后期（8～18周）	产蛋前期（19～22周）	产蛋中期（23～45周）	产蛋后期（46～72周）
鸭表观代谢能，兆焦/千克	11.93	11.72	11.30	11.51	11.30	11.30
粗蛋白质，%	19.5	17.0	15.0	17.0	17.0	17.5
钙，%	0.90	0.80	0.80	2.00	3.10	3.20
总磷，%	0.60	0.60	0.55	0.60	0.60	0.60
非植酸磷，%	0.42	0.38	0.35	0.35	0.38	0.38
钠，%	0.15	0.15	0.15	0.15	0.15	0.15
氯，%	0.12	0.12	0.12	0.12	0.12	0.12
赖氨酸，%	1.00	0.80	0.60	0.80	0.85	0.85
蛋氨酸，%	0.42	0.38	0.30	0.38	0.38	0.40
蛋氨酸+胱氨酸，%	0.78	0.70	0.55	0.68	0.70	0.72
苏氨酸，%	0.70	0.60	0.50	0.60	0.60	0.65
色氨酸，%	0.20	0.18	0.16	0.20	0.18	0.20
精氨酸，%	0.90	0.80	0.65	0.80	0.80	0.80
异亮氨酸，%	0.68	0.55	0.40	0.55	0.65	0.65
维生素A，国际单位/千克	4 000	3 000	2 500	8 000	8 000	8 000
维生素D_3，国际单位/千克	2 000	2 000	2 000	2 000	2 000	3 000
维生素E，国际单位/千克	20	10	10	20	20	20
维生素K_3，毫克/千克	2.0	2.0	2.0	2.5	2.5	2.5
维生素B_1，毫克/千克	2.0	1.5	1.5	2.0	2.0	2.0
维生素B_2，毫克/千克	10	10	10	15	15	15

（续）

营养指标	育雏期（1～3周）	育成前期（4～7周）	育成后期（8～18周）	产蛋前期（19～22周）	产蛋中期（23～45周）	产蛋后期（46～72周）
烟酸，毫克/千克	50	30	30	50	50	50
泛酸，毫克/千克	10	10	10	20	20	20
维生素 B_6，毫克/千克	3.0	3.0	3.0	4.0	4.0	4.0
维生素 B_{12}，毫克/千克	0.02	0.02	0.02	0.02	0.02	0.02
生物素，毫克/千克	0.20	0.20	0.10	0.20	0.20	0.20
叶酸，毫克/千克	1.0	1.0	1.0	1.0	1.0	1.0
胆碱，毫克/千克	1 000	1 000	1 000	1 500	1 500	1 500
铜，毫克/千克	8.0	8.0	8.0	8.0	8.0	8.0
铁，毫克/千克	60	60	60	60	60	60
锰，毫克/千克	100	100	80	100	100	100
锌，毫克/千克	40	40	40	60	60	60
硒，毫克/千克	0.20	0.20	0.20	0.30	0.30	0.30
碘，毫克/千克	0.40	0.30	0.30	0.40	0.40	0.40

注：营养需要量数据以干物质含量87%计。

66. 常用的鹅饲养标准有哪些？

在20世纪，美国和法国等制定了鹅饲养标准。但我国目前尚未制定全国统一的鹅饲养标准，有关学者和养殖工作人员结合我国养鹅生产实际需要，参照国内外的饲养标准，总结提出了具有一定指导作用的饲养标准（营养需要量参考标准）。现列举部分标准，供养鹅从业人员参考使用，见表4−12至表4−14。

表4−12　美国NRC鹅的营养需要

饲养阶段	0～4周	4周以后	种鹅
能量水平，兆焦/千克	12.13	12.55	12.13
蛋白质，%	20	15	15
赖氨酸，%	1.0	0.85	0.6
蛋氨酸+胱氨酸，%	0.60	0.50	0.5
钙，%	0.65	0.60	2.25
有效磷，%	0.30	0.30	0.30
维生素A，国际单位/千克	1 500	1 500	4 000
维生素D，国际单位/千克	200	200	200
胆碱，毫克/千克	1 500	1 000	500
烟酸，毫克/千克	65.0	35.0	20.0
泛酸，毫克/千克	15.0	10.0	10.0
核黄素，毫克/千克	3.8	2.5	4.0

表4−13　法国的鹅营养推荐量

饲养阶段	0～3周	4～6周	7～12周	种鹅
饲粮能量水平，兆焦/千克	10.87～11.7	11.29～12.12	11.29～12.12	9.2～10.45
粗蛋白质，%	15.8～17.0	11.6～12.5	10.2～11.0	13.0～14.8
赖氨酸，%	0.89～0.95	0.56～0.6	0.47～0.50	0.58～0.66
蛋氨酸，%	0.40～0.42	0.29～0.31	0.25～0.27	0.23～0.26
含硫氨基酸，%	0.79～0.85	0.56～0.60	0.48～0.52	0.42～0.47
色氨酸，%	0.17～0.18	0.13～0.14	0.12～0.13	0.13～0.15
苏氨酸，%	0.58～0.62	0.46～0.49	0.43～0.46	0.40～0.45
钙，%	0.75～0.80	0.75～0.80	0.65～0.70	2.60～3.00
磷，%	0.67～0.70	0.62～0.65	0.57～0.60	0.56～0.60
有效磷，%	0.42～0.45	0.37～0.40	0.32～0.35	0.32～0.36
钠，%	0.14～0.15	0.14～0.15	0.14～0.15	0.12～0.14
氯，%	0.13～0.14	0.13～0.14	0.13～0.14	0.12～0.14

表4-14　肉鹅饲养标准草案（侯水生等）

营养成分	0～3周	4～8周	8周至上市	维持饲养期	产蛋期
粗蛋白质，%	20.00	16.50	14.0	13.0	17.50
代谢能，兆焦/千克	11.53	11.08	11.91	10.38	11.53
钙，%	1.0	0.9	0.9	1.2	3.20
有效磷，%	0.45	0.40	0.40	0.45	0.5
粗纤维，%	4.0	5.0	6.0	7.0	5.0
粗脂肪，%	5.00	5.00	5.00	4.00	5.00
矿物质，%	6.50	6.00	6.00	7.00	11.00
赖氨酸，%	1.00	0.85	0.70	0.50	0.60
精氨酸，%	1.15	0.98	0.84	0.57	0.66
蛋氨酸，%	0.43	0.40	0.31	0.24	0.28
蛋氨酸+胱氨酸，%	0.70	0.80	0.60	0.45	0.50
色氨酸，%	0.21	0.17	0.15	0.12	0.13
丝氨酸，%	0.42	0.35	0.31	0.13	0.15
亮氨酸，%	1.49	1.16	1.09	0.69	0.80
异亮氨酸，%	0.80	0.62	0.58	0.48	0.55
苯丙氨酸，%	0.75	0.60	0.55	0.36	0.41
苏氨酸，%	0.73	0.65	0.53	0.48	0.55
缬氨酸，%	0.89	0.70	0.65	0.53	0.62
甘氨酸，%	0.10	0.90	0.77	0.70	0.77
维生素A，国际单位/千克	15 000	15 000	15 000	15 000	15 000
维生素D_3，国际单位/千克	3 000	3 000	3 000	3 000	3 000
胆碱，毫克/千克	1 400	1 400	1 400	1 200	1 400
核黄素，毫克/千克	5.0	4.0	4.0	4.0	5.5
泛酸，毫克/千克	11.0	10.0	10.0	10.0	12.0
维生素B_{12}，毫克/千克	12.0	10.0	10.0	10.0	12.0
叶酸，毫克/千克	0.5	0.4	0.4	0.4	0.5
生物素，毫克/千克	0.2	0.1	0.1	0.15	0.2
烟酸，毫克/千克	70.0	60.0	60.0	50.0	75.0

（续）

营养成分	0～3周	4～8周	8周至上市	维持饲养期	产蛋期
维生素K，毫克/千克	1.5	1.5	1.5	1.5	1.5
维生素E，国际单位/千克	20	20	20	20	40
维生素B_1，毫克/千克	2.2	2.2	2.2	2.2	2.2
吡哆醇，毫克/千克	3.0	3.0	3.0	3.0	3.0
锰，毫克/千克	100	100	100	100	100
铁，毫克/千克	96	96	96	96	96
铜，毫克/千克	5	5	5	5	5
锌，毫克/千克	80	80	80	80	80
硒，毫克/千克	0.3	0.3	0.3	0.3	0.3
钴，毫克/千克	1.0	1.0	1.0	1.0	1.0
钠，毫克/千克	1.8	1.8	1.8	1.8	1.8
钾，毫克/千克	2.4	2.4	2.4	2.4	2.4
碘，毫克/千克	0.42	0.42	0.42	0.30	0.30
镁，毫克/千克	600	600	600	600	600
氯，毫克/千克	2.4	2.4	2.4	2.4	2.4

67. 怎样计算饲料配方？

水禽饲料配方方法包括手工法（试差法、对角线法、代数法等）和电子计算机法。利用计算机计算配方可获得营养完全、价格最低的饲料配方，是当前主要的配方方式。如未配备电子计算机，且饲料种类和营养指标又不多，可采用手工法配方。在生产中，最常用的手工配方方法是试差法。下面以实例说明试差法的计算要点。

选择玉米、大豆油、豆粕、鱼粉、苜蓿草粉、赖氨酸、蛋氨酸、碳酸钙、磷酸氢钙、食盐和添加剂预混料，设计中鹅的日粮配方。

第一步：根据饲养标准和生产经验确定鹅主要营养指标含量，并列出所用饲料营养成分，见表4-15、表4-16。

表4-15 中鹅饲养标准

代谢能（兆焦/千克）	粗蛋白质（%）	钙（%）	总磷（%）	赖氨酸（%）	蛋氨酸（%）
11.50	12.80	1.00	0.60	0.68	0.36

表4-16 饲料中营养成分

饲料名称	代谢能（兆焦/千克）	粗蛋白质（%）	粗纤维（%）	钙（%）	总磷（%）
玉米	13.54	7.80	1.60	0.02	0.27
大豆粕	11.04	43.00	5.20	0.33	0.62
苜蓿草粉	4.14	14.30	23.00	1.34	0.19
石粉				35.8	
磷酸氢钙				20.29	18.00

第二步：初步确定各种原料的用量比例，并计算各指标含量。根据经验，玉米、大豆粕、苜蓿草粉、食盐、石粉、磷酸氢钙和预混料的用量分别为67.9%、18.5%、10.3%、0.3%、1.3%、1.3%和0.4%。试配结果中各养分含量=饲料用量×饲料中该养分的含量，见表4-17。同饲养标准相比，试配结果中粗蛋白质不足，能量偏高，与标准存在较大差异，需进一步优化。

表4-17 试配结果

饲料名称	代谢能（兆焦/千克）	粗蛋白质（%）	钙（%）	总磷（%）
饲养标准	11.50	16.00	1.00	0.60
配方含量	11.66	14.72	1.00	0.59
与标准的差	0.16	−1.28	0.00	−0.01

第三步：试配配方中蛋白质含量不足、能量偏高，因此应适当提高蛋白质饲料（豆粕和鱼粉）用量比例，同时降低能量饲料用量。反复优化调整，直至配方符合饲养标准。调整后，玉米、大豆粕、苜蓿草粉、食盐、石粉、磷酸氢钙和预混料的用量分别为63.6%、21.95%、11.2%、0.3%、12.5%、13%和0.4%。试配结果中

各养分含量同饲养标准相一致，见表4-18。

表4-18 配方调整结果

	代谢能（兆焦/千克）	粗蛋白质（%）	钙（%）	总磷（%）
饲养标准	11.50	16.00	1.00	0.60
配方含量	11.50	16.00	1.00	0.60
与标准的差	0	0	0	0

第四步：根据第三步计算结果列出配方结果，见表4-19。

表4-19 配方结果

饲料名称	用量（%）
玉米	63.6
大豆粕	21.95
苜蓿草粉	11.2
食盐	0.3
石粉	1.25
磷酸氢钙	1.3
预混料	0.4

68. 配合饲料产品有哪几种类型？

（1）全价配合饲料 由能量饲料、蛋白质饲料、矿物质饲料以及各种添加剂饲料所组成，能够完全满足动物的各种营养需要，可以直接饲喂。

（2）浓缩饲料 是指以蛋白质饲料为主，加上矿物质饲料和添加剂预混合饲料配制而成的混合饲料，不能直接饲喂，使用时按一定比例添加能量饲料就可以配制成营养全面的全价配合饲料。蛋白质浓缩饲料又称蛋白质补充饲料。

（3）添加剂预混料 由添加剂（营养性或非营养性）、载体及稀释剂等组成，主要含有矿物质、维生素、氨基酸、促生长剂、抗氧化剂、防霉剂、着色剂等，不能直接饲喂动物，可供生产全价配合饲料及浓缩饲料使用。

69. 配合饲料生产工艺流程是什么？

配合饲料生产工艺主要包括原料接收及清理、粉碎、配料、混合、成型与包装。畜禽配合饲料有先粉后配和先配后粉两种加工工艺，一般多采用先粉后配模式。基本流程如图4-1所示。

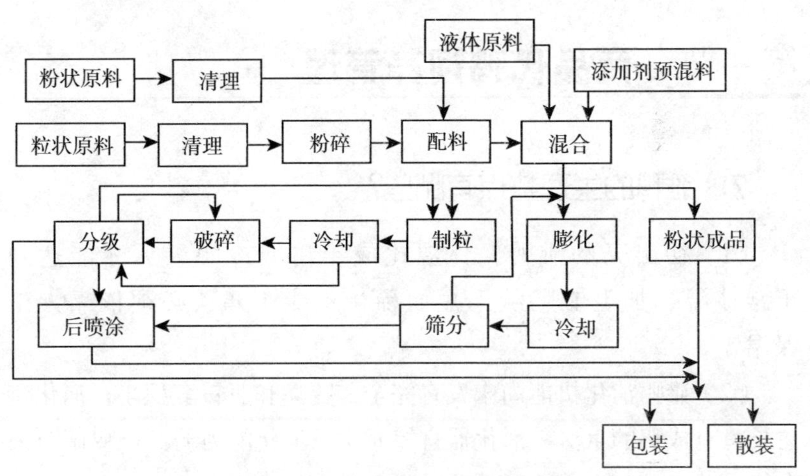

图4-1　配合饲料生产工艺流程

70. 怎样储藏和运输饲料原料及产品？

饲料应存放在通风、防雨、防潮、防虫、防鼠、防腐、防高温、避光、地势高、干燥的地方；饲料入库前要检查包装是否完整，有无破损，实物和包装标识内容和合同是否相符等；饲料要按阶段分类垛放，各垛间应留有间隙，下有垫板，不能靠墙以防潮；在潮湿多雨季节，应用塑料薄膜盖好各垛饲料，垫板周围可放些生石灰吸潮。在配制饲料时，也可放些防霉剂（如丙酸钙）防霉。饲料须在保质期内用完，因此单次选购饲料不宜太多。饲料运输车辆应保持清洁卫生、干燥，最好专车专用。在运输饲料时，须加盖防雨布，以防止烈日曝晒和雨淋等。

第五章　商品代水禽饲养管理

第一节　商品代鸭饲养管理

71. 雏鸭的生理特点有哪些？

（1）初出壳的雏鸭，体温比成年鸭低，10天后才能达到正常体温，加上雏鸭绒毛短而稀，不能御寒，必须依靠人工保温。

（2）雏鸭消化机能尚未发育完全，嗉囊和肌胃容积小，消化道总长只有成鸭的40%，消化器官短而小，消化能力弱。雏鸭调节采食能力差，且贪吃，故要少喂勤添。

（3）雏鸭对饥渴比较敏感，因此需频繁采食、饮水。

（4）鸭胆小，特别是雏鸭很容易惊群，要养在安静的地方。

72. 怎样选择雏鸭？

健康雏鸭应具备的条件是：①出壳适时而整齐；②两眼有神，活泼好动；③绒毛整洁、有光泽，长短适中；④脐部愈合良好，没有血迹；⑤腹部柔软，大小适中，蛋黄吸收良好；⑥喙、眼、腿、掌等无畸形；⑦泄殖腔附近干燥，没有黄白色的稀便黏着；⑧手握雏鸭有温暖感，体格结实有弹性，挣扎有力；⑨叫声响亮清脆，反应灵敏；⑩体重不过大、过小。

73. 怎样进行雏鸭运输?

雏鸭的运输非常关键，刚出生的雏鸭还没有对抗外界不良环境的能力，应尽量在雏鸭出壳后36小时内运到育雏室，远距离运输不要超过48小时，若是运输环节出现问题，容易造成雏鸭体质虚弱，难饲养，严重时还会出现雏鸭死亡等情况。

夏季运输时，要特别注意做好防暑工作，途中适当打开车窗散热。每1 ~ 1.5小时移动装有禽苗的箱子或禽盒，即上层移到下层，下层移到中层，中层移到上层。这样做，一是使雏禽得到活动，避免挤压；二是受热均匀，避免中暑。每千克饲料中加入100 ~ 150毫克维生素C，以便更好地抵抗热应激给雏禽带来的影响。

冬季要关闭车窗，装有禽苗的盒子留有通气口，防止贼风侵袭。到达目的地后，由于禽群受到应激，应在饲料或饮水中加入多种维生素，增强抵抗能力。与此同时，要密切注意禽群状态，及时处理出现的问题。

74. 常见的育雏方法有哪些?

常见的育雏方法有平面育雏和立体笼具育雏。平面垫料育雏时，育雏舍地面铺上干净、吸水性良好的谷壳或锯末等垫料，厚度一般为3 ~ 5厘米，并视垫草潮湿程度经常进行更换。雏鸭饲养在鸭舍内的平网上，称为平面网上育雏。平网可用钢丝网、塑料网或竹木编制而成，平网离地高度50 ~ 60厘米，网眼为1.2厘米 × 1.2厘米。这种方式节省垫料，雏鸭不与地面粪便接触，可减少疾病传播。立体育雏是将雏鸭饲养在鸭舍离开地面的重叠笼或阶梯笼内，笼子可用金属、塑料或竹木制成，笼子的长、宽、高分别是2.0米、1.0米、1.6米，这种方式提高了单位面积的育雏数量和房屋利用率；雏鸭发育整齐，减少了疾病传染，提高了成活率。

75. 鸭育雏舍的要求是什么?

育雏室要求墙壁保温性能良好，并有一定数量的可开启、可密闭的窗户，以利于保温和通风。禽舍地面应高出舍外地面0.3～1米，舍内应设排水孔，以便舍内污水的顺利排出。地基应为混凝土地面，保证地面结实、坚固，便于清洗、消毒。为了有利于舍内清洗消毒时的排水，中间略高于两边地面。育雏舍应设计加装保温、降温、补光、通风、供水、供料和清粪等设施设备。

76. 鸭育雏常用的保温设备有哪些?

常见的保温设施设备有锅炉、保温伞、红外线灯和远红外线加热器等。

（1）锅炉 锅炉供温是育雏常用的供温方式，成本较低、供温效果好。在使用锅炉供温时，应使用符合环保要求的生物质燃料或天然气等为能源，避免因使用煤炭等造成的环境污染。

（2）保温伞 由伞部和内伞两部分组成。直径为2米的保温伞可养鸭200～500只，雏鸭可以在伞下自由出入，此种方法一般用于平面垫料育雏。

（3）红外线灯 灯泡的悬挂高度一般离鸭25～30厘米。一只250瓦的红外线灯泡在室温25℃时一般可供100只雏鸭保温，20℃时可供90只雏鸭保温。

（4）远红外线加热器 供温安装时将远红外线加热器的黑褐色涂层向下，离地2米高，用铁丝或圆钢、角钢之类固定。8块500瓦远红外线板可供50米^{2}育雏室加热。最好是在远红外线板之间安上一个小风扇，使室内温度均匀，这种加热法耗电量较大，但育雏效果较好。

77. 鸭育雏常用的饲喂设备有哪些?

育雏常用的饲喂设备有喂料和饮水器具。常用的喂料器具有自动料线、饲槽、喂料桶（由塑料、木材或铁皮等制成）。饮水器有水槽、真空饮水器、钟形饮水器和乳头式饮水器、水盆等，大多由塑料制成，也有由木、竹和铁皮等材料制成。常用V形和U形两种饮水槽，深度为50 ~ 60毫米，上口宽50毫米，长度按需要而定，槽式饮水器一般多使用自来水。目前，自动饮水线（乳头式）使用比较普遍。

78. 怎样控制鸭育雏期的光照?

光照时间长短、强弱对雏鸭健康和发育有密切关系。肉用种雏缩短光照时间的主要作用是延迟性成熟，控制适时开产；而肉用仔鸭增加光照时间的作用则是延长采食时间，加快生长速度。育雏期间，一般应保持较长时间的光照，0 ~ 7日龄24小时光照，8 ~ 14日龄逐渐减少，晚上人工补充光照时间，15日龄过渡到自然光照，直至育雏期结束。光照强度0 ~ 7日龄每15米^{2}用1只40瓦灯泡，8 ~ 14日龄换用25瓦灯泡，高度距离鸭背部2米左右。

育雏常用采光方式有自然采光和人工光照。有窗禽舍和半开放禽舍白天可以利用自然光照，光线通过禽舍的门窗进入禽舍。宽度大的禽舍可以设置天窗，用透明玻璃钢瓦覆盖。人工光照可以补充自然光照的不足，常用白炽灯和LED灯。

79. 怎样控制鸭育雏期的温度、湿度和饲养密度?

（1）温度　正常情况下，刚出壳的肉用雏鸭要求的育雏温度为34 ~ 35℃，以后每周下降2 ~ 3℃。衡量育雏温度是否合适，除了观察温度计外，主要是观察鸭群精神状态和活动表现。温度过高，雏鸭远离热源，张口喘气，饮水量增加，张翅下垂，食欲下降；温度过低，雏鸭互相拥挤、扎堆，靠近热源，羽毛蓬乱，不断发出“唧唧”叫声，采食减少。

（2）湿度　育雏湿度应随着鸭日龄的变化而调整。一般讲，开始育雏要防湿度过低，10日龄之后要防湿度过高。育雏期前几天相对湿度要达到70%，观察鸭最好的特征是看脚趾（脚鳞）。如湿度合适，脚趾光亮，丰满无皱纹。如湿度低，则脚趾干瘪，皱纹多，这时可增加湿度。7日龄左右湿度应降至65%，10日龄后降到60%，最后维持在55%～60%。

（3）饲养密度 应随鸭子日龄、季节、饲养方式的不同而合理变化，还要考虑气候、鸭舍结构等条件，灵活掌握。详见表5–1。

表5–1 肉用雏鸭育雏期温、湿度及密度对照

日龄		1～7	8～14	15～21
温度（℃）		34～35	31～32	28～29
湿度（%）		65～70	55～60	55～60
密度（只/米²）	地面平养	20～25	10～15	7～10
	网上平养	25～30	15～20	8～13

80. 怎样进行鸭育雏期舍内通风？

育雏室一般为密闭式空间，可根据密度的大小、室内温度的高低、天气的阴晴、风力的大小不一、有害气体的浓度等因素来决定开关门窗的次数、时间长短，以达到既能保持室内空气新鲜又能保持适宜的温度。舍内可开启排风扇进行通风换气，育雏室内通风换气是否正常以人进入室内不觉得闷气及呛鼻、辣眼睛，没有过分臭味为宜。也可通过仪表测量。

81. 怎样进行雏鸭开食和饮水？

一定要在开食之前饮好水，饮水的水温要与室温一致，不可过低。第一天饮水可用5%葡萄糖溶液，特别是经过长途运输的鸭苗，还可以加入电解多维，可明显降低死亡率。在育雏期要做到全天24小时不断水，雏鸭随时可饮到水。为使雏鸭熟悉水源，前3天应增加光照强度，待雏鸭熟悉水源后可适当降低光照强度。

第一次喂料称为开食。一般出壳24 ~ 36小时，当有1/3肉用雏鸭有啄食表现时开食较好。小规模育雏时，可用碎米、碎玉米及蛋黄开食。先用开水将上述饲料烫一下，再用冷水冲一下，饲喂时呈手捏能成团状、松手能散开的状态。第二天起，可逐步改用雏鸭配合饲料。大规模育雏时，可直接采用雏鸭配合饲料进行开食。开食前3天要有较强的光照，以利于雏鸭啄食。

82. 什么是脱温？怎样进行雏鸭脱温？

脱温是随着雏鸭日龄的增加，雏禽应逐步降低育雏温度，最后停止加温。

雏鸭具体脱温时间，应根据育雏季节、雏鸭健康状况及外界气温变化灵活掌握。一般早春、晚秋、冬季育雏可在4 ~ 6周龄脱温，晚春、初夏及早秋育雏，可在3 ~ 4周龄脱温，夏季育雏，只需早、晚加温几次就行。脱温时，要有过渡时间，不能突然停止给温。可以先白天不加温，晚上加温；晴天不加温，阴天、变天加温。要逐步减少每天的加温次数，最后达到完全脱温。脱温过渡期为1周左右。

83. 生长育肥鸭常用的饲养方式有哪些？

肉鸭一般4 ~ 8周龄为生长育肥期，多采用舍内地面平养或网上平养。育雏期地面平养或网上平养的，可不转群，既避免了转群给肉鸭带来的应激，也节省劳力。育雏期结束后采用自然温度育肥的，应撤去保温设备或停止供暖。在转群前1周，做好待转鸭舍的清洁卫生和消毒工作。若进行地面平养的，应在转舍前准备好5 ~ 10厘米厚的垫料。转群前12 ~ 24小时饲槽加满饲料，保证饮水不断。

84. 怎样控制鸭生长育肥期温度、光照和饲养密度？

生长育肥期鸭养在室温即可，以15 ~ 18℃最宜，冬季应加温，使室温达到最适温度（10℃以上）；气温太高，可让鸭群在室外过夜。应保持地面垫料或粪便干燥，湿度控制在50%～55%。光照强度以能看见吃食为准，每平方米用5瓦白炽灯。白天利用自然光，早、晚加料时才开灯。通风管理和育雏期相同。地面垫料每平方米饲养密度为：4周龄7～8只，5周龄6～7只，6周龄5～6只，7～8周龄4～5只。具体视鸭群个体大小及季节而定。冬季密度可适当增加，夏季可减少，详见表5-2。

表5-2 肉鸭饲养密度

品种类型	饲养方式	饲养量（只/米^2）	
		3～5周	6周至上市
大型肉鸭品种	网上平养≤	10	5
	地面平养≤	8	4
中小型肉鸭品种	网上平养≤	20	10
	地面平养≤	15	8

85. 怎样控制鸭生长育肥期喂料和饮水？

生长育肥期鸭的饲喂次数为白天3次，晚上1次。喂料量原则与育雏期相同，以刚好吃完为宜。为防止饲料浪费，可将饲槽宽度控制在10厘米左右。每只鸭饲槽占有长度在10厘米以上。生长育肥鸭一般采用自由饮水，不可缺水，应备有蓄水池。每只鸭水槽占有长度1.25厘米以上。

86. 常见的肉鸭育肥方式有哪些？

常见的肉鸭育肥方式有圈舍育肥和放牧育肥。

（1）圈舍育肥　将鸭群养在舍内，育肥鸭饲料以谷实类为主，便于脂肪沉积。一般日粮中谷实类占80%，糠麸10%，豆饼6.5%，骨粉3%，食盐0.5%，另加5%的沙砾，还可适当加喂一些动物性饲料和青绿饲料。每天喂3～4次，让鸭群吃饱，同时供应充足的饮水。鸭舍内要保持清洁卫生，空气流通，光线要暗，环境要求安静，应避免惊扰鸭群。

（2）放牧育肥　通常是结合夏放、秋收，将40 ~ 50日龄的鸭群驱赶到稻茬田放牧，让其充分觅食遗谷、昆虫和水草，使鸭子迅速生长。也可将鸭群赶至池塘、湖泊、沟渠采食水生动、植物，稍加补充一些精饲料。经20 ~ 30天放牧，体重可达到2.5千克左右，即可屠宰、上市、出售。放牧育肥优点是成本低，方法简便易行，但生长速度较慢。

87. 怎样更换肉鸭饲料?

肉鸭在养殖过程中进行饲料更换时，应采用渐进的过渡方法来实现。换料时，一般要经过5 ~ 7天的过渡，具体做法如下：前一饲料（正使用的饲料）的2/3+后一饲料（待更换的饲料）的1/3，用2天；前一饲料的1/2+后一饲料的1/2，用2天；前一饲料的1/3+后一饲料的2/3，用2天，然后全部换成后一饲料。

88. 什么是“全进全出”饲养制度?

所谓“全进全出”制，是指在同一栋养殖舍同时间内只饲养同一日龄的雏鸭，经过一个饲养期后，又在同一天（或大致相同的时间内）全部出栏。这种饲养制度有利于切断病原的循环感染，有利于疾病控制，同时便于饲养管理，有利于机械化作业，提高劳动效率；全出后便于管理技术和防疫措施等的统一，也有利于新技术的实施；在第一批出售、下批尚未进雏的1 ~ 2周为休整期，鸭舍内的设备和用具可进行彻底打扫、清洗、消毒与维修，这样能有效地消灭舍内的病原体，使鸭群疫病减少，死亡率降低，同时也提高了鸭舍的利用率。这种全进全出的饲养制度与在同一栋鸭舍里饲养几种不同日龄的鸭相比，具有增重快、耗料少、死亡率低的优点，适于广大肉鸭专业户采用。

89. 生态养鸭方式有哪些?

常见的生态养鸭的方式有“鸭鱼混养”和“稻鸭共作”生态模式。

(1)鸭鱼混养模式 塘边养猪、水面养鸭、水中养鱼，这样可提高饲料转换率和养殖业综合效益。经过试验，每公顷水面可饲养高邮鸭450～750只，投入鱼苗2 250千克，每公顷鱼塘可节省饲料3 750千克，增加成鱼1 500千克，每只鸭可获纯利6～8元。每公顷水面可养小型鸭2 250只左右，鸭粪的产量正好与鱼塘的需要相吻合，日常不投精料，饲养鱼品种以肥水鱼，如白鲢、花鲢等为主，适当配以鲫鱼。但鸭鱼混养可能造成水体污染和疫病传播，具有潜在风险。

(2)稻鸭共作技术 选择无污染、水资源丰富、成方连片的稻田作为共作区，一般在50亩以上。选择大穗、株高适中、株型挺拔、分蘖力强、熟期适中，抗病力强的水稻品种，肥床旱育。秧龄在30天左右，4～5叶、苗高20～30厘米即可移栽，株行距以30厘米×30厘米为宜。鸭苗要经过10天左右的育雏，选择晴天上午9：00～10：00气温渐升时放鸭入田，稻田水深应正常保持在10厘米左右。初期雏鸭早晚要添补一些易消化、营养丰富的饲料，以后逐步转向自由采食为主，适当补饲。稻田周围要设立围栏，防止鸭群走失和遭受兽害，鸭棚应建在稻田附近，要挡风遮雨、通风，准备必要的用具。鸭苗自秧栽插后8～10天放入，至稻抽穗后、结实前捉鸭，补饲精料，上市销售。

第二节 商品代鹅的饲养管理

90. 雏鹅的生理特点有哪些?

刚孵出的雏鹅，身体娇嫩，绒毛稀薄，体温调节机能尚未健全，体温调节能力差，怕冷，怕热，对冷的适应性差。一般来讲，雏鹅长至3周龄时才能较为有效地适应外界气温变化。

雏鹅的新陈代谢机能极为旺盛，早期生长发育快。一般小型鹅长到20日龄时，其体重比出壳时增长3～7倍，中型鹅种体重增长9～10倍，大型鹅种体重可增长11～12倍。一般中型鹅种饲养至21日龄，体重可达1～1.5千克。另外，公、母雏生长速度不同。同样的饲养管理条件下，公雏比母雏增重快5%～25%，饲料转化率高。为保证雏鹅的快速生长，要保证充足的饮水，及时供料和喂青料。

初生雏鹅体质柔而娇嫩，消化道容积小，消化器官和消化机能尚未发育完善，对饲料的消化吸收能力差。因此，雏鹅宜喂给易消化、营养全面的配合饲料，并少喂多餐。

91. 什么是鹅育雏?

雏鹅是指孵化出壳后到4周龄或1月龄内的鹅，又称小鹅。把这一段时间的养鹅工作称为育雏。雏鹅的培育，是整个饲养管理的基础。在养鹅的整个过程中育雏是比较困难的，也就是说雏鹅比较难养。育雏好坏，不仅影响雏鹅的成活率和生长发育，而且对以后鹅体质的强弱、生长速度和产蛋的多少也有很大关系，雏鹅养得不好，死亡率就高。

92. 怎样进行雏鹅选择?

健壮的雏鹅是保证育雏成活率的前提条件，对留种雏鹅更应该进行严格选择。引进的品种必须优良，苗鹅要求来自健康无病、高产的种鹅群。雏鹅选种主要看以下几个方面。

（1）看来源　要求鹅雏是健康无病、生长快、产蛋高的种鹅后代，鹅雏要符合品种的特征和特性。一般壮年鹅的后代要好于新开产鹅的后代。

（2）看出壳时间　要选择按时出壳的鹅雏，凡是提前或延迟出壳的鹅雏，其胚胎发育均不正常，均会对以后的生长发育产生不利影响。

（3）看脐肛 大肚皮和血脐、肛门不清洁的鹅雏，表明健康情况不佳。要选择腹部柔弱、卵黄充分吸收、脐部吸收好、肛门清洁的雏鹅。

（4）看绒毛 鹅雏的绒毛要粗、干燥、有光泽，凡是绒毛太细、太稀、潮湿乃至相互黏着无光泽的，表明鹅雏发育不佳，体质差，不宜选用。

（5）看体态 要坚决剔除瞎眼、歪头、跛脚等外形不正常的雏鹅。用手由颈部至尾部摸雏鹅的背，选留有粗壮感的，剔除软弱的。健壮的雏鹅应站立平稳，两眼有神，体重正常。一般中型鹅雏出生时，体重均小于鹅蛋的重量，在100克左右。大型品种如狮头鹅雏在150克左右。

（6）看活力 健壮的雏鹅行动活泼，头能抬得较高，反应灵敏，叫声响亮，活力强。当用手握住颈部将其提起时，它的双脚能迅速有力挣扎；将其仰翻在地，它能迅速翻身站起。

一旦购进弱雏或病雏，要和健康雏分开饲养。在加强饲养管理的同时，还要注意防疫灭病，关注生长发育过程。

93. 常见的鹅育雏方法有哪些？

参看鸭育雏方式。

94. 怎样控制鹅育雏期的温度、湿度和饲养密度？

（1）温度 育雏舍的温度应达到28～30℃，才能进鹅苗。地面或炕上育雏的，应铺上一层10厘米厚的清洁干燥的垫草；然后开始供暖，温度表应悬挂在高于雏鹅生活的地方5～8厘米处，并观测昼夜温度变化。

温度的高低，保温期的长短，因品种、季节、日龄和雏鹅的强弱而不同。所谓育雏温度只是一种参考，还可根据雏鹅的表现来判断温度的高低。温度适宜，雏鹅安静无声，彼此虽似靠近，但无扎堆现象，吃饱不久后就睡觉；如箱内或室内温度过低，雏鹅叫声频频而尖，并相互挤压，严重时发生堆集；如果温度过高，雏鹅向四周散开，叫声高而短，张口呼吸，背部羽毛潮湿，行动不安，放出吃料时表现口渴而大量饮水。发现上述两种情况，应及时调整。温度不能忽高忽低。温度过低，雏鹅受凉易感冒；温度过高，雏鹅体质会变弱。要将强雏与弱雏、大雏与小雏、健雏与病雏分开饲养，使雏鹅生长均匀。

（2）湿度　自温育雏在保温与防湿上存在一定矛盾，如在加覆盖物时温度便上升，湿度也增加，加上雏鹅日龄增大，采食与排粪量增加，湿度将更大，因此在加覆盖物保温时不能密闭，应留一通气孔。

育雏鹅不同日龄适宜的温度、湿度及饲养密度参见表5–3。

表5–3　育雏鹅温度、相对湿度和饲养密度参照表

日龄	温度（℃）	湿度（%）	密度（只/米^2）
1 ~ 5	28 ~ 27	55 ~ 60	25 ~ 20
6 ~ 10	26 ~ 25	60 ~ 65	20 ~ 15
11 ~ 15	24 ~ 22	60 ~ 65	15 ~ 12
16 ~ 20	22 ~ 20	60 ~ 65	12 ~ 8
21 ~ 28	21 ~ 18	60 ~ 65	6 ~ 8

95. 怎样控制鹅育雏期的光照和通风？

（1）光照　一般育雏期间的光照在第一天可采用24小时光照，以帮助雏鹅适应环境，有助于雏鹅采食、饮水、活动，有利于雏鹅生长发育，以后每2天减少1小时光照，至4周龄左右采用自然光照即可。在人工辅助光照时，光线不宜过亮，灯泡以25瓦为宜，而且要高悬，保证让雏鹅能吃料饮水即可。另外，灯光以蓝色为好，实验证明蓝光可以减少雏鹅啄癖。

（2）通风　在育雏期间，随着雏鹅渐渐长大，其代谢产物必然相应增多，粪便及垫料所产生的氨气会充滞于室内，污染空气。过量的氨气会刺激引发雏鹅呼吸道疾病，危害雏鹅健康。因此，加强育雏室通风，有利于保持育雏室内空气流通，防止雏鹅氨中毒。在通风之前要先提高室温1～2℃，通风要在晴暖天的中午进行，慢慢启开门窗。通风换气时不要让风直接吹到雏鹅身上，更不能有贼风，以免受凉感冒。育雏室内氨气浓度应控制在10毫升/米^{3}以下，一般以人进入鹅舍时不觉得闷气、没有刺鼻眼的气味为宜。育雏室要经常打扫清洁，勤更换垫料，保持室内干燥、卫生。

96. 怎样进行雏鹅饮水?

雏鹅出壳后的第一次饮水俗称潮口。雏鹅出壳24小时以后，先饮水后开食。一般雏鹅进入育雏室，先休息一会，再喂水，水中加入少量葡萄糖或多维素，有利于清除胎粪。

初生雏鹅能行走自如并表现有啄食欲望时，便可进行潮口。方法是用小型饮水器或水盘盛水，让雏鹅自由饮吸，盘中水深2～3厘米，以不湿雏鹅绒毛为度。个别不会饮水的雏鹅应进行调教，可将其喙放入水中饮水后，便可使其学会饮水。潮口能刺激雏鹅食欲，促使胎粪排出。

1～3日龄雏鹅的饮水，可用0.1%的高锰酸钾溶液或配制0.1%复合维生素溶液，让雏鹅自由饮用。这对于清洁雏鹅胃肠道、刺激雏鹅的食欲、促进其消化吸收能力有好处。

97. 怎样进行雏鹅开食?

第一次吃料俗称开食。开食时间是否适宜，直接关系到雏鹅的生长发育和成活率。潮口后即可开食。开食饲料撒在准备好的塑料布上，让其自由采食。第1次吃食时，许多雏鹅不会吃，要敲击平面引诱雏鹅吃食，经过几次调教，多数雏鹅就学会采食。

开食料可采用青饲料与精料混合饲喂。青料要求新鲜、幼嫩多汁，以幼嫩菜叶、莴苣叶最好，精料与青料比例为1∶2。将青料洗净切成细丝状，与碎米、米饭或全价配合小鹅料拌在一起开食。用颗粒饲料开食，须将粒料碾碎，以便雏鹅采食。

98. 怎样进行雏鹅饲喂?

因雏鹅消化道容积小，育雏阶段应遵循少给勤添、定时定量的原则。雏鹅饲料应精料和青料搭配饲喂最好，常用的青料有青菜叶、白三叶、苦荬菜、莴笋叶、黑麦草等，青料要新鲜幼嫩，洗净切细；精料最好用全价小鹅料或小鸭料、小鸡料等。自雏鹅开食后，便可以1份颗粒料（破碎）、2份青料（切细）的比例饲喂。精料与青料可分开饲喂，以“先精后青”的顺序饲喂。这样可防止雏鹅偏食过多的青料，以免引起消化不良或腹泻等不良后果。

随着日龄的增长，精料在日粮中比例逐渐减少。育雏前期（0 ~ 21日龄）精料和青料比例为1 ： 2，21日龄后比例为1 ：(5 ~ 10)。精料在育雏头3天主要是米饭，以后慢慢用配合料，1周后全部用配合料，10日龄后用部分切碎牧草代替部分青菜，15日龄完全喂以牧草加上自配饲料。

每日饲喂的次数按日龄的增长适当提高，1 ~ 4日龄每天饲喂5 ~ 6次,4 ~ 10日龄每天饲喂6 ~ 8次,10日龄以上再从每天5 ~ 6次降至3 ~ 4次正常喂养。饲料的变化由熟到生、由软到硬，慢慢过渡，不可突然大幅度变化。饲喂方法应采用“先饮水后喂料，定时定量，少给勤添，防止暴食”。雏鹅以开食后的第2天起便可按时饲喂。3日龄后适当补饲沙砾，以帮助消化。

99. 怎样进行雏鹅脱温?

一般雏鹅保温期为30日龄以前，适时脱温可以增强鹅的体质。过早脱温，雏鹅容易受凉，影响发育；保温太长，则雏鹅体质弱，抗病力差，容易得病。雏鹅在4 ~ 5日龄时，体温调节能力逐渐增强。因此，当春秋两季天气好、外界气温高时，雏鹅在5 ~ 7日龄时即可逐步脱温。但在夜间，尤其在凌晨2：00 ~ 3：00，气温较低，应注意适时加温，以免受凉。但如果在早春和冬天育雏，因为气温低，保温期需延长，一般15 ~ 20日龄才开始逐步脱温，25 ~ 30日龄才完全脱温。完全脱温时，要注意气温的变化，在脱温的头2～3天，若外界气温突然下降，也要适当保温，待气温回升后再完全脱温。

100. 什么是生长育肥鹅?

生长育肥鹅一般是指4～10周龄的鹅，即指从30日龄到上市阶段（70～90日龄）的商品肉鹅。30～90日龄的仔鹅是骨骼、肌肉、羽毛生长最快的阶段。这一阶段鹅的消化力、抵抗力以及对外界环境适应性等都增强了，肉鹅生长迅速，食欲旺盛，能利用大量粗饲料。

采取网上全价料饲养的肉鹅一般70日龄即可出栏，放牧饲养的一般要养至90日龄方可出栏。同时还要看市场需求，有的地方市场上更喜欢时间养得久一些的肉鹅，这样肉质更好吃，则肉鹅出栏时间就更晚，会养至100～120日龄出栏。

101. 怎样确定鹅生长育肥期温度、光照、通风和养殖密度?

（1）温度和饲养密度 生长育肥鹅饲养密度的确定，取决于饲养方式、养殖季节和鹅品种。中型鹅平养饲养密度以每平方米2～5只为宜。集约化养鹅，饲养密度大，受外界气温的影响较小，要根据鹅群的需要控制好温度，肉用仔鹅最适宜的温度范围是10～26℃。

（2）光照 肉用仔鹅的光照控制与种鹅不同，光照强度要小，一般在1～2勒克斯，其亮度使管理者能够进行管理即可。如光线过亮，会抑制仔鹅的生长发育；光线暗些可使鹅群安静，减少活动量，降低能量消耗，有利于快速增重育肥。

（3）通风和湿度 饲养生长育肥鹅时，要保持地面干燥，环境湿度控制在50%～65%。通风的目的是排除舍内污浊空气，换进外界新鲜空气，并借此调节舍内的温度和湿度。集约化养鹅，饲养密度大，呼吸排出的二氧化碳、排泄的粪便以及污染的垫草散发出的氨气量很大，若不采取有效的通风换气措施，过量的氨气等会引起呼吸器官疾病，降低饲料报酬，严重的可导致死亡。一般要求仔鹅舍氨气浓度保持在20克/米^{3}以下。换气时，一方面要把鹅舍内的温度尽可能保持在最适宜的范围内；另一方面还要能够供给充足、新鲜的空气，而且还要把鹅排出的水分排放到舍外。冬季为保持舍温，不能频繁换气时，可采取加温措施，力求使地面干燥。夏季可增加换气量，既有除湿效果，又能使鹅舍降温。

102. 生长育肥鹅常用的饲养方式有哪些？

生长育肥鹅饲养方式有放牧饲养、放牧与饲舍结合饲养和全舍饲饲养，全舍饲又分为平地圈养、高床网上饲养。

（1）放牧饲养 节省饲料，耗工时最少，成本低，经济效益好。如果牧地不够或牧草数量与质量达不到要求，就采取放牧与舍饲相结合的形式。实践证明，放牧在草地和水面上的鹅群，由于经常处在新鲜空气环境中，不仅能采食到含维生素和蛋白质营养丰富的青绿饲料，而且还能得到充足阳光和足够的运动量，促进肌体新陈代谢、体质健壮，增强鹅对外界环境的适应性和抵抗力。

（2）全舍饲饲养 主要在集约化饲养时采用，另外在冬季养鹅时，如因天气冷，没有青饲料，也可采用关棚饲养。如果采取关棚饲养，即全舍饲，则应用全价配合饲料，同时可搭配一定比例的青绿饲料。

103. 怎样选择放养场地？

放牧场地可以是林下、各类果园、草地、草原等，要有鹅喜欢采食的丰富优质的牧草。鹅喜爱采食的草类很多，一般只要无毒、无刺激、无特殊气味的草都可供鹅采食。牧地要开阔，可划分成若干小区，有计划地轮牧。牧地附近最好有湖泊、小河或池塘，给鹅有清洁的饮水和洗浴清洗羽毛的水源。牧地附近应有遮阳休息的树林或其他遮阳物（没有的可搭临时遮阳棚）。农作物收割后的茬地也是极好的放牧场地。选择放牧场地时还应注意了解牧场附近的农田有否喷过农药，若使用过农药，一般要1周后才能在附近放牧。鹅群所走的道路应比较平坦。

104. 怎样放养鹅?

（1）调教 鹅群放牧，首先要对鹅群进行调教。鹅的合群性和可塑性强，胆小，对周围环境的变化十分敏感。在放养的初期，就应对鹅群进行必要的训练。使用打锣、吹哨子和敲脸盆等方式，以合适的响声，配合可口的食物，对鹅群进行召唤训练，让它们形成条件反射。召唤训练十分重要，尤其是在恶劣天气来临的时候，能保证迅速将鹅群召唤回来。

（2）群体规模 30日龄以上的生长育肥鹅可采用赶牧方式整天放牧。根据管理人员的经验与放牧场地而定，一般100 ~ 200只一群，由1人放牧；200 ~ 500只为一群的，可由两人放牧；若放牧场地开阔，水面较大，每群亦可扩大到500 ~ 1 000只，需要2 ~ 3个劳力管理。如果管理人员经验丰富，群体还可以扩大。但不同年龄、不同品种的鹅要分群管理，以免在放牧中大欺小、强凌弱，影响个体发育和鹅群均匀度。

（3）放牧时间 春、秋季雏鹅到10日龄左右，气温暖和、天气晴朗时可在中午放牧，夏季时可提前到5 ~ 7日龄，首次1小时左右，以后逐步延长。放牧初期要控制时间，每天上、下午各放一次，每天放养2 ~ 4小时，如在放牧中发现仔鹅有怕冷的现象，应停止放牧。以后逐日增加放养时间，使雏鹅逐渐适应外界环境。到30 ~ 40日龄可采用全天放牧，并尽量早出晚归。放牧时间的掌握原则是：天热时上午要早出早归，下午要晚出晚归；天冷时则上午晚出晚归，下午早出早归。遇天气炎热，日光强烈时，放牧不宜过远。放牧时，应避免鹅群被暴晒、淋雨。

（4）适当补料 鹅的采食高峰是在早晨和傍晚。早晨露水多，除小鹅时期不宜早放外，待腹部羽毛长成后，早晨尽量早放。傍晚天黑前，是又一个采食高峰，所以应尽可能将茂盛的草地留在傍晚时放。放牧期间，鹅需要进行补饲精料。补饲精料水平应视草情、鹅情而定，以满足需要为佳。刚由雏鹅转为中鹅时，可继续适当补充精料，但应随时间的延长，逐步减少补饲量。当牧地草源质量差、数量少时，也需要适当补饲精料，补饲时间通常安排在晚上，每天补喂的数量可根据体重增长和羽毛生长来决定。当牧地有丰富的牧草和收割的遗谷可吃，采食的食物能满足生长的营养需要，则可不补饲或少补饲。

105. 生长育肥鹅放牧注意事项有哪些？

（1）搭建临时棚舍 因地制宜搭建临时性鹅棚，遮阳防雨并防兽害。

（2）饮水 鹅如果没有喝足水会严重影响生长，所以放牧时随时都要给鹅保证足够的饮水。

（3）防潮 鹅虽然喜欢戏水，但是放牧在果园中休息的场地则需要干燥凉爽，尤其是50日龄以内的雏鹅，更要注意防潮湿。

（4）防止雨淋 30～50日龄的中雏鹅，羽毛尚未长全，抗病力较差，一旦被雨水淋湿，容易引起呼吸道感染和其他疾病。因此，在放牧时若遇下雨天，应及时将鹅群赶回鹅舍。

（5）防止追赶 放牧时，鹅行走较缓慢，尤其是雏鹅最怕追赶，故在放牧过程中，驱赶鹅群速度要慢，切勿猛赶乱追，防止践踏致伤。

（6）防止惊群 鹅是胆小、怕惊的家禽，要防止其他动物接近鹅群，以免受惊不安。放牧地应以远离公路、铁路为好，以防汽车、火车等鸣笛声使鹅惊群。驱赶鹅群过公路时，也要防止车辆的干扰。防止有鲜艳颜色的物品、喇叭声的突然出现引起的惊群。

（7）防中毒、染病 避免将鹅群放牧到施过农药的地带。养鹅的果园最好不施用农药，若确需使用则使用低毒农药，或者果园喷过农药、施过化肥后，暂时把鹅圈起来，或轮牧错开，15天左右农药挥发失效后再放牧。对于放牧路线，管理人员要早几天进行勘察，凡发生过传染病的疫区、凡用过农药的牧地，绝不可牧鹅。要尽量避开堆积垃圾粪便之处，严防鹅吃到死鱼、死鼠及其他腐败物。

（8）防止兽害 雏鹅缺乏自卫能力，在野外放鹅要有良好的防范措施，防止野兽侵害鹅群。

（9）防止中暑 避免在夏天炎热的中午、大暴雨等恶劣天气放牧。暑天放牧，应在早晚多放，中午休息，将鹅群赶到树荫下纳凉，不可在烈日下暴晒。无论白天或晚上，当鹅群有鸣叫不安的表现时，应及时放水入水池，防止闷热引起中暑。

106. 怎样开展种草养鹅？

种草养鹅技术是通过人工种草、草鹅配套，并适量补饲精料，实现较好经济效益的一种养鹅技术。种草养鹅具有节省精饲料、降低饲料成本、增加经济效益和提高劳动生产率等诸多好处。

对于规模化肉鹅养殖场，仅靠野生牧草无法满足大规模鹅群采食需要，实行种草养鹅是育成鹅最好的饲养方式。根据饲养规模和季节，人工种植适合鹅食用的牧草，满足鹅的饲草供应。种植牧草可用于刈割和放牧，刈割主要用于舍饲养殖，放牧草地则用于有条件实行放牧饲养的鹅群。在有条件的放牧地，需要种植耐践踏且含有较高营养成分的牧草。

种草养鹅的关键是要搞好草鹅结合，种草与养鹅是两个相关的环节。在实施种草养鹅时，养殖户应根据当地的实际情况及养鹅的时间、批次，选准合适的种草养鹅模式。各地可根据牧草的供草季节不同而交替饲喂。一般要求肉鹅饲养场（户）的草鹅配套比例为120～150只/亩，每只肉鹅需要青饲料30千克左右。

107. 适于养鹅的牧草品种有哪些？

适于养鹅的优质牧草品种很多，既要考虑牧草的适应性、适口性、产量和抗病虫害能力，又要考虑牧草生产的季节性，做到全年均衡供应。

建立牧鹅人工草地时，还要注意选择高低适宜鹅采食、适口性好、耐践踏的品种，如苜蓿、多年生黑麦草、白三叶、红三叶、鸡脚草、猫尾草等永久性品种；也可选择冬牧70黑麦草、苦荬菜、苏丹草等季节性品种。冬牧70黑麦、黑麦草、苏丹草、苦荬菜、鲁梅克斯、墨西哥玉米、菊苣等，以菊苣和苦荬菜等适口性最佳。对于舍饲养鹅，就要选择青绿多汁、产量高的牧草，比如菊苣、苦荬菜、墨西哥玉米、莴笋等。部分优质牧草见图5-1至图5-5。

图5-1　树下种白三叶草

图5-2　菊　苣

图5-3　紫花苜蓿

图5-4　苦荬菜

图5-5　黑麦草

108. 常见的牧草种植模式有哪些？

牧草由于其生长特性不同，可分为冬春季牧草和夏秋季牧草。冬春季牧草主要有冬牧70黑麦和多年生黑麦草，夏秋季牧草主要有苏丹草、籽粒苋、苦荬菜、菊苣和墨西哥玉米等。为保证鹅常年有鲜草供应，宜在不同季节适时播种相应季节的牧草。具体可采用不同牧草品种套种、轮作、间作和混播技术。

（1）一年生轮作 如墨西哥玉米与冬牧70黑麦分别在夏秋和冬春轮作。冬牧70黑麦与苏丹草、籽粒苋、苦荬菜等一年生喜温性牧草分别在秋冬和春夏轮作。

（2）多年生与一年生套种 套种是在前季牧草生长后期，在其株、行或畦间播种或栽植后季牧草。如种植鲁梅克斯、串叶松香草、菊苣时留足行距，便于套种冬牧70黑麦、墨西哥玉米、苏丹草等。例如采用种植1年生黑麦草和多年生菊苣的方式来饲养肉鹅。黑麦草的供草期在当年11月至次年6月，而菊苣的供草期在3～11月，两种牧草搭配，可达到持续供应。

（3）多年生与一年生间作 间作是在同期有两种或两种以上生长季节相反的牧草，在同一块田地上成行或成带间隔种植。为解决夏季多年生黑麦草枯、苜蓿长势弱的问题，夏季可间作苏丹草、苦荬菜等。

（4）林间套种多年生牧草 在树林、果园等种植耐阴的鸡脚草、白三叶等，既为鹅提供了饲料，又不影响树木生长。

109. 牧草刈割注意事项有哪些？

对于舍饲养鹅，除可种植牧鹅草种外，重点应选择青绿多汁的叶菜类牧草，如籽粒苋、鲁梅克斯、串叶松香草、菊苣、苦荬菜、墨西哥玉米、莴笋等，用于刈割饲喂。

（1）适时刈割 掌握刈割时间，做到适时刈割。为防止纤维木质化，在牧草的适宜生育时期刈割，以获得较高的可消化营养物质收获量，并利于牧草再生，一般待牧草长至25厘米以上时开始刈割。适时收获技术要同科学的种植管理技术和饲草调制技术相结合，生产中如果采用适时刈割期多次刈割利用技术，则每年的6～8月需要进行一次或多次牧草收获工作。

（2）留茬高度　留茬高度要适当，不同种类牧草的再生生长点不一致，要根据牧草的种类选择适宜的留茬高度。豆科牧草中从根茎萌发新枝条，紫花苜蓿一般留茬高度在4～5厘米；禾本科牧草中的无芒雀麦、黑麦草、猫尾草和冰草等一般留茬高度在6～8厘米；而从茎枝腋芽上萌发新枝的百脉根、柱花草等要求留茬高度在20～50厘米，以利其恢复和再生。

（3）刈割天气　避开阴天和雨天，选择3～5日连续晴天刈割。阴天牧草干燥速度慢，营养物质损失大；如遭雨淋，则干草质量下降极大。因此，晴天刈割是获得优质干草的重要前提条件。

110. 怎样进行鹅肥肝生产？

鹅肥肝营养丰富，质地细嫩，味道鲜美。要生产鹅肥肝，以下几点是关键。

（1）鹅的品种选择　国外鹅种可选用朗德鹅和匈牙利白鹅等；国内有溆浦鹅、狮头鹅和浙东鹅及其杂交种等。宜选用体躯长、胸腹部大而深、体质健壮不易伤残、颈粗而短的鹅。最好选用公鹅，因为公鹅生产鹅肥肝更有利。

（2）抓好预备饲养期　从初生到90日龄左右为预备饲养期。该期在很大程度上影响着以后肥肝鹅的填肥效果。放牧锻炼从50～60日龄开始，这时应使其充分采食青绿多汁饲料，尽量扩大食道和食道膨大部，为今后填肥时每次能多填饲料做好准备。准备填肥时期，由放牧饲养转为舍饲。这时喂给混合饲料，配方是：50%整玉米，20%玉米碎粒，20%菜籽饼或豆饼，10%肉骨粉，另外加0.5%食盐和0.01%多种维生素，让鹅自由采食。2周后鹅体开始上膘，即可强制填肥。

（3）强制填肥是保证 当鹅长到4千克左右即可开始填饲。体重过轻，则肥肝合格率低；体重过重则耗料多，成本增加，经济上不划算。

（4）调制填喂饲料 将玉米放在水中浸涨（将食盐溶于水中），填喂前把饲料煮熟，趁热捞起，拌入油脂和添加剂后，即可填喂。

（5）填喂方法 用电动填肥器填饲较好，一般两人一组，一人抓鹅，保定，另一人填喂。填喂时，填喂者坐在填肥器的座凳上，右手抓住鹅的头部，用拇指和食指紧压鹅的喙角，打开口腔，左手用食指压住舌根并向外拉出，同时将口腔套在填肥器的填料管外，徐徐向上拉，直到将填料管插入食道深处，然后脚踩开关，电动机带动螺旋推进器，把饲料送入食道中。同时左手在颈下部不断向下推抚，把饲料推向食道基部，随着饲料的填入，右手控制鹅颈使其徐徐往下滑，这时保定鹅的助手与之配合，将鹅相应地向下拉，待填到食道4/5处时，即放松开关，电动机停止转动，同时，将鹅拉出，填饲结束。

（6）填喂次数和填喂量 对鹅填饲刚开始时（前3天），每天填喂2次，以便让鹅适应，3天后可增加到3次，一般10天后可增加到4～6次，注意填饲时，每次间隔时间最好相等。填喂量，每次每只填50～100克，每天200克左右，适应后每天每只可填600～800克。

（7）适时宰杀取肝 鹅加大填料量后，当发现其腹部下垂行动迟缓，步态蹒跚，眼睛无神，呼吸急促，食欲减退，出现积食或消化不良时，这表明肝已成熟应立即停填，及时屠宰；反之，鹅食欲好，精神兴奋，行动灵活，还应继续填饲。当鹅肝已成熟，停止填饲6小时就可宰杀，取出肝脏，便可制成鹅肥肝了。经整修检验，称量，分级包装，经速冻后就可出售，或放在冷库存放。

第六章　种禽饲养管理

第一节　种鸭饲养管理

111. 饲养育成鸭的总体要求是什么?

种鸭自5周龄起至26周龄称为育成鸭，通常也叫青年鸭。育成期要根据鸭群的体重状况等因素制定合理的饲料喂量，适当进行限饲，减精加粗，同时科学使用光照，确保种鸭体成熟和性成熟达到同步，避免种鸭过肥，降低腿病发生的概率，提高产蛋期产蛋率、受精率、延长种鸭利用期限等。在养殖过程中要及时淘汰病残鸭和品种特征不明显的鸭，确保鸭群体格健壮、品种特征明显、均匀度好。

112. 育成鸭的饲料有何特点?

育成期饲料一般采用全价饲料，其营养水平较其他时期要低。饲料中粗饲料要占一定比例，目的是使育成鸭得到充分锻炼，长好骨架。饲料代谢能一般在11.3 ~ 11.5兆焦/千克，蛋白质为15% ~ 18%。半圈养鸭尽量多使用青绿饲料代替精料和维生素添加剂，青绿饲料占整个饲料的30% ~ 50%。

113. 怎样确定育成鸭饲养密度?

育成鸭一般采用半舍饲饲养方式，有运动场和洗浴场。育成鸭饲养密度为3.5只/米^2，室内外运动场面积为2.0只/米^2，每只鸭应有0.1米^{2}的洗浴池。育成期鸭应按性别分群饲养，群体大小以300～400只为宜。鸭群应每日保持适量运动。鸭舍用60厘米高的围栏分割，每栏面积120～150米^2，每栏提供8米长的饮水槽和足够食槽，保证鸭群能同时采食到饲料。

114. 育成鸭光照程序如何确定？

在5～20周龄，每日固定9～10小时的自然光照，育成期固定光照以不超过11小时为宜。在21～26周龄，逐渐增加光照时间，直到26周龄时达到17小时光照。下面列举了重庆地区冬季（早上7时天亮，下午6时天黑）育成鸭的光照程序，供参考使用。

21周：天黑开灯，晚上7时关灯。

22周：早上6时开灯，天亮关灯，天黑开灯，晚上7时关灯。

23周：早上6时开灯，天亮关灯，天黑开灯，晚上8时关灯。

24周：早上5时开灯，天亮关灯，天黑开灯，晚上8时关灯。

25周：早上5时开灯，天亮关灯，天黑开灯，晚上9时关灯。

26周：早上4时开灯，天亮关灯，天黑开灯，晚上9时关灯。

115. 怎样对育成鸭分群饲养？

育成鸭对外界环境十分敏感，饲养密度较高时，拥挤会引起鸭群骚动，甚至互相践踏，导致生长发育停滞，影响以后的产蛋。为了便于管理，应根据鸭群生长发育状况进行分群，一般按体重大小、体况强弱和公母性别分群饲养，提高群内一致性。放牧时每群为500～1 000只，舍饲时每栏200～300只。其饲养密度因品种、周龄而异，冬季气温低，饲养密度可略大些，夏季气温高，饲养密度可略小些。

116. 怎样对育成鸭限制性饲养？

（1）饲喂量的确定 从5周龄开始完全改喂育成期日粮，每日每只给料150克（或按相关品种推荐饲养标准给料）。28日龄早上空腹称重，计算出每群公、母鸭的平均体重，与标准体重比较，相差范围在±2%以内皆为合格，然后按各群的饲料量给料。以后直到23周龄，每周第一天早上空腹称重，体重与标准相差不超过±10%（公鸭可扩大到20%～50%）以内为正常。若低于标准体重，则增加喂料10克/（只·日）或5克/（只·日）；若高于标准体重，则减少5克/（只·日）。若增加或减少饲料还没有达到标准，则再增减5克或10克。当达到标准体重时，接下来一周按150克/（只·日）饲喂，确保公母鸭接近标准体重。

（2）限喂方法　一种是按限饲量将一天的全部饲料一次投入，或早上投料70%，下午投料30%；另一种是把两天应喂的饲料一天一次投入，第二天不喂料，称为隔日限饲。实践证明隔日限饲的效果更佳。无论哪种限饲法，在喂料当天的第一件事都是早上4点开灯，按每群分别称料，然后定时投料。

117. 限饲时的注意事项有哪些？

①限饲前整群，将体重轻、弱小鸭单独饲养，不限制饲养或少限制饲养，直到恢复标准体重后再混群。

②限饲过程中可能会出现死亡，更应照顾好弱小个体。

③限饲要与光照控制相结合。

④称重必须空腹。

⑤限饲时的饲粮营养要全面，一般不供应杂粒谷物。

⑥在喂料不改变的情况下，应注意观察吃完饲料所需时间的改变，发现异常立即处理。

⑦喂料在早上一次投入，加好料后再放鸭吃料，以保证每只鸭都吃到饲料，若每日分2次或3次投料，则抢食能力强的个体几乎每次都吃饱，而弱小个体则过度限饲，影响群体的整齐度。

118. 怎样评价肉用种鸭的育成效果？

可参照以下标准检查。

①育成鸭的体重是否保持在标准的范围内。进入产蛋期时，初产母鸭的体重在全群平均体重的 ±10%以内。

②性成熟的时间是否符合标准日龄。

③鸭群是否健康。

④育成的公鸭应具有活跃的气质、强壮的体格，在繁殖时具有较高的受精率。

119. 怎样防止啄癖产生？

鸭啄癖常造成鸭体的损伤甚至死亡，是鸭的一种异常行为，主要诱因是某些营养缺乏、饲养管理不当或某些疾病，常见的有啄羽癖、啄肛癖、啄蛋癖。要从以下几方面防止鸭啄癖的产生。

（1）平衡营养 根据鸭不同生长期的营养需要，喂饲不同阶段的全价料。当发现营养方面的原因导致啄癖时，找出缺乏的营养成分，并及时补充。若是蛋白质不足而引起的啄癖，可添加豆粕、鱼粉和羽毛粉等；若是维生素及微量元素缺乏而引起的啄羽癖，则添加多种维生素及硫酸亚铁；因换羽而引起啄羽癖的中鸭或后备鸭，可在饲料中添加小石子；若是缺盐引起的啄癖，可在日粮中添加适量食盐，连用3天，注意食盐不能过量使用，以免食盐中毒。对于营养缺乏所引起的啄癖，只要及时补给所缺的营养成分，均可收到良好的疗效。

（2）加强管理 确保鸭群饲养密度适当、鸭舍温度适宜、湿度适中；鸭舍要及时通风换气，排出舍内的有害气体，保证舍内空气良好；制定合理的光照制度，保证适宜的光照时间和光照强度。在种鸭产蛋高峰期，勤捡鸭蛋，尤其要及时拣出破损的蛋。淘汰或隔离被啄鸭只。

（3）预防疾病 防止各种疾病的发生，如沙门氏菌病、大肠杆菌病等，防止疥螨、羽虱等外寄生虫病，防止皮肤外伤、感染等。

（4）及时治疗 啄伤的伤口可用龙胆紫、碘酊等药物涂抹，对轻度受伤鸭可用0.1 %高锰酸钾水溶液清洗患部，再涂以磺胺软膏或紫药水。

120. 怎样选留种鸭?

在生产中，常根据体型外貌和生理特征、生产性能记录进行选择。

（1）体型外貌和生理特征　体型外貌属于高遗传力的性状，以个体选择效果较好。在生产中，常采用择优选留法，即在鸭群中将好的个体依次选留，直至满足所需要数量为止。留作种用的鸭要求体大丰满，公鸭要求头大颈粗，胸深，眼大有神，羽毛紧密，有光泽，交配能力强；母鸭要选择头稍小，颈较细，显得光滑机灵，背宽腹大，臀部丰满下垂，羽毛细致，麻鸭的斑纹要细。

（2）生产性能记录　体型外貌和生理特征只能反映大致情况，准确的选择应根据生产性能记录来进行。种鸭场应该建立必要的各种生产性能的记录制度，然后根据记录进行个体选择或群体选择。因为有许多生产性能的遗传力低，根据个体记录选择的效果不好，而应采用以家系为单位的群体选择，包括同胞（全同胞或半同胞）和后裔选择，则可取得较好的选择效果。生产性能项目很多，一般需要的有：种鸭年产蛋量、蛋重、种蛋受精率、受精蛋孵化率、育雏率、育成率、增重速度以及饲料报酬等记录。统计应力求标准一致，尽可能减小误差；否则资料无效。

121. 种鸭配种方法有哪些?

鸭的配种方法主要有自然交配、人工辅助配种和人工授精，目前运用较多的是自然交配。配种季节一般为每年的2～6月，即从初春开始，到夏至结束，自然交配有大群配种和小群配种两种方式。

（1）大群配种　将公、母鸭按一定比例合群饲养，群的大小视种鸭群规模和配种环境的面积而定，一般利用池塘、河湖等水面让鸭嬉戏交配。这种方法能使每只公鸭都有机会与母鸭自由组合交配，受精率较高，尤其是放牧的鸭群受精率更高，适用于繁殖生产群。但需注意，大群配种时，种公鸭的年龄和体质要相似，体质较差和年龄较大的种公鸭，没有竞配能力，不宜作大群配种用。

（2）小群配种 将每只公鸭及其所负责配种的母鸭单间饲养，使每只公鸭与规定的母鸭配种，每个饲养间设水池，让鸭自然交配。公鸭和母鸭均编上脚号，每只母鸭晚上在固定的产蛋窝产蛋，种蛋记上公鸭和母鸭脚号。这种方法能确知雏鸭的父母，适用于鸭的育种，是种鸭场常用的方法。

（3）人工辅助配种 指体型差距较大的公、母鸭，配种时需要人工辅助，即人工捉住保定母鸭，引导公鸭与之交配。

（4）人工授精 是指人工给公鸭采精，然后人工给母鸭输精。人工授精可提高种蛋受精率，减少公鸭饲养量，提高优秀种公鸭利用率，有利于选种和提高生产性能。

122. 怎样进行公鸭采精操作？

生产中公鸭采精多为两人配合进行，其中一人保定公鸭，另一人采精；也可以一人保定公鸭进行采精。公鸭采精以背式按摩采精法为好，操作简单。助手两手分别握住公鸭大腿基部，并用拇指压住部分翅膀，将两腿自然分开，尾部向术者稍抬高，固定于助手腰部一侧。术者将集精杯夹于无名指和小手指之间，食指和拇指横跨托在泄殖腔下方，另一手放在公鸭背部，自背鞍部向尾部方向轻快地紧贴背部滑动按摩2～3次，引起公鸭性欲，待公鸭泄殖腔外翻，露出乳状突时，迅速将手翻到尾部下面，并尽快将拇指和食指横跨在泄殖腔两侧，从乳状突后面捏住外翻的乳状突，一松一紧地施加适当压力，公鸭即射出乳白色如牛奶样精液，用集精杯刮接精液。如此反复地按摩采精2～3次，直至公鸭排完精液为止。

123. 怎样进行母鸭输精操作？

输精必须两人配合才能完成，但实践中为了加快工作效率，多为三人一组，其中二人负责翻肛、一人负责输精。翻肛人员将鸭的双腿抓住，鸭头朝前，泄殖腔面对自己，将鸭只稍微提起，手在母鸭泄殖腔处，将拇指与其他四指分开，输卵管便可露出。输卵管外露后便可输精，当输精滴管插入阴道2～3厘米后，在输精员捏胶帽时，翻肛人员要解除对鸭腹部的挤压，借助腹内负压与输卵管的收缩，使精液全部进入体内。为了防止翻肛时粪便溅出，可用右手向心面盖住直肠口。注意不要将空气或气泡输入输卵管内，这样易使精液外溢，影响受精率。

正常情况下，以输原精液为宜，如有特殊需要，可加以稀释。每次输原精液量以0.025毫升为宜（吸管上的一滴），超过此量时受精率也没有明显变化。如精子活力差、稀薄，可适当增加输精量。每只母鸭以每5天输1次精为宜。

输精时间应在大部分母鸭产完蛋之后，即每天下午16：00之后。当输卵管已有变硬的蛋壳时，输精滴管不能硬插，也不可用力按压，这时动作要轻，吸管偏向一侧慢慢插入后再输。对这类鸭最好做一个标记，第二天输精时再补输，以提高受精率。首次输精应加倍或连续2天输精，在首次输精后第三天便可收集种蛋。

124. 种鸭适宜配种年龄和公母比例是多少？

鸭配种年龄过早，不仅对其本身的生长发育有不良影响，而且受精率低。蛋用型公鸭性成熟较早，初配年龄在5月龄以上为宜；肉用型公鸭性成熟较晚，初配年龄在6月龄以上为宜。

鸭的配种性别比随品种类型不同而差异较大，公母的比例一般是：蛋用型鸭为1∶（20～25），兼用型鸭为1∶（15～20），肉用型鸭为1∶（5～8）。配种比例除了因品种类型而异之外，还与季节、饲养管理、年龄等因素有关。早春气候寒冷，性活动受影响，公鸭数量应增加2%左右（按母鸭数计）。在良好的饲养条件下，特别是放牧鸭群能获得丰富的动物饲料时，公鸭的数量可以适当减少。在繁殖季节到来之前，适当提早合群对提高受精率是有利的。合群初期公鸭的比例可稍高些，如蛋用型鸭公母比例为1∶（14～16），20天后可改为1∶25。大群配种时，常见部分公鸭较长时间不分散于母鸭群中配种，需经10多天才合群。因此，在大群配种时将公鸭及早放入母鸭群中是很必要的。1岁的种鸭性欲旺盛，公鸭数量可适当减少。

125. 种鸭利用年限是多少？

蛋用种公鸭的配种年限一般为2～3年。肉用种公鸭一般为1～2年。种母鸭一般是2～3年更换一次，因为第一年产蛋量最高，次年下降10%～15%，第三年再下降15%～25%，3年以上鸭所产的蛋，受精率和孵化率显著降低，雏鸭发育不好，死亡率也高。所以，到第四年母鸭应予淘汰。肉用种母鸭的利用年限应比蛋用鸭短，一般至第三年予以全部淘汰。

126. 提高种鸭受精率的方法有哪些？

（1）公母搭配合理 要注意公母比例，在生产中公母比例一般为1：（6～7）。如果公鸭的饲养量过少，会造成公鸭的配种负担过重，因此一些母鸭会没有机会被配种，所产的蛋则为无精蛋。公鸭数量过多，会造成几只公鸭争配一只母鸭的情况，这会使公鸭受伤；母鸭被爬跨过于频繁而不愿意交配，造成受精率下降。

（2）合理淘汰和补充种公鸭 受许多因素影响，有的公鸭会出现阴茎下垂、阴茎发炎、精子活力差，造成配种能力下降；另外，种公鸭的繁殖利用时间也只有1年。所以对不合格的个体要及时淘汰，并补充相应的新公鸭，以确保有足够数量的种公鸭进行配种。

（3）合理搭配日粮 种鸭对于饲料的要求较为严格，只有给予合理的饲料才能让它产下更多好蛋。产蛋鸭的营养需要：代谢能11.7～12.1兆焦/千克、粗蛋白质18%～19%、钙2.5%～3.2%、有效磷0.35%，这是产蛋鸭的大概需要，生产中应根据季节不同进行适当的调整。另外还要注意维生素和微量元素的给予，饲料中的硒应该添加0.2毫克/千克。在夏季高温的季节里适当提高维生素C或多维的给量，来降低鸭的热应激，这对提高受精率也有一定的好处。

（4）提供干净的水　由于鸭属于水禽，它的配种活动大多是在水中进行，必须为它们提供好的配种环境。因此，养鸭的水塘最好是活水。同时还应该及时清理水中的杂物，防止杂物在鸭配种时伤害其阴茎。同时，鸭的饮水也要干净，否则会影响建康。

（5）注意防暑降温　在夏天，不要因鸭经常在水中就不用注意防暑降温。夏季炎热的天气会造成公鸭的配种能力下降。可以在鸭棚周围种些乔木，方便遮阳降温。在特别炎热时还应淋水降温。

（6）增加光照　在冬季，由于日照变短，鸭的繁殖性能会受到影响，可以通过人工增加光照，使光照时间保持在16～17小时。光照所用的灯光最好为红色或橙色，这可以促进公鸭睾丸的发育，产生优良精子。

127. 降低种蛋破损率的方法有哪些？

（1）育种　在育种实践中，在注重产蛋率、增重速度和蛋重等多项指标选育的同时，也要注重蛋壳质量的选育，同时适时淘汰老龄鸭。

（2）管理　光照制度一经确定，不要轻易更改。加强鸭舍内通风。

（3）兽医卫生工作　提高鸭群整体健康水平，防止可能引起蛋壳质量下降的各种疾病。进行免疫、调群、设备维修等鸭舍内作业时，要防止鸭的惊群。

（4）码放和运输　捡蛋时动作要轻，手要拿稳，同时将大蛋、双黄蛋分开码放，防止由于受力不均造成破损，蛋盘码放不宜太多，一般为5盘左右为宜。对蛋筐、蛋盘、集蛋车要经常检查，发现有破损或故障要及时维修，然后再使用。装车时，轻拿轻放，蛋筐之间互相挤紧，拴系牢固，防止碰撞倾斜，运蛋车速不要过快，不要急刹车，防止震动，道路情况不好时更要注意。

128. 产蛋种鸭的环境温度控制措施有哪些？

（1）冬季采暖保温　对于开放式鸭舍，要把北面窗户用塑料薄膜钉好或封死堵严，挂上门帘，如向西、向北开的门，应加装门斗。对于封闭式鸭舍，在有害气体、尘埃不超标的情况下，尽量减少通风量。可在鸭场内主风向距鸭舍的适当位置，增设挡风屏。并在舍内增加采暖设备，如暖气、热风炉等。配合冬季鸭舍保温，饮水尽量饮温水，饲料可适当增加能量水平。

（2）夏季防暑降温 减少鸭舍受到的辐射与反射热，可在外屋顶涂刷白涂料，增强热反射，一般可降温1～2 ℃；也可在屋顶上喷水，可使舍温下降3 ℃左右。在鸭舍周围种草，使空气湿润，起防尘与降温的作用。加大舍内换气量与气流速度：开放式鸭舍将门窗打开，如无自然风时可安装电扇；密闭式鸭舍最好改为纵向通风，降低舍内温度。在鸭舍建筑上采用隔热性能好的材料，在屋顶表层要选用日射热吸收率低的材料。设计好屋顶坡度，一般坡度应为30°，而在设计塑料大棚时，其坡度要最大限度地吸收日射热。

129. 蛋用种鸭的产蛋期如何进行管理?

母鸭从开始产蛋直至淘汰称为产蛋鸭。饲养蛋鸭是为获得尽可能高的产蛋量，如蛋留作种用，还要求较高的受精率和孵化率。蛋用型麻鸭一般只利用1～2个产蛋年；大多用5月龄以上的公鸭配种，种公鸭只利用1年。蛋鸭产蛋期主要有3个阶段：21～32周龄为产蛋前期，33～44周龄为产蛋中期，45～66周龄为产蛋后期。

（1）产蛋前期 青年鸭开产时身体健壮，精力充沛。饲养管理重点是尽快把产蛋率推向高峰。当产蛋率达50%时，每只鸭每日加15克鱼粉，产蛋率达90%以上时，每只鸭每日加19～20克鱼粉。饲喂次数从1日3次增至1昼夜4次，除白天喂3次外，夜间9～10时增喂一次，每只鸭日平均精料采食量150克左右。日平均光照不少于14小时，光照逐渐增加直至达到每昼夜光照16小时。鸭开产后随着产蛋率不断增加，但体重维持原状，说明饲养管理恰当。

（2）产蛋中期 这一阶段产蛋已进入高峰期，体力消耗较大，营养水平应略有提高，蛋白质含量应在19%～20%，每只禽每日鱼粉添加量可增至22克，每只鸭日采食量为150克；青饲料适当多喂水草，以满足多种维生素需要。适当增加钙的喂量，可在混合料中添加1%～2%的颗粒状蛋壳粉，任其自由采食。每日光照可稳定在16小时。

（3）产蛋后期　产蛋高峰在产蛋后期就难以继续保持下去了，但对于高产品种（如绍兴鸭），如饲养管理得当，仍可维持80%的产蛋率。这一阶段鸭子的体重却略有下降趋势，在饲料中要适当增加动物饲料。每天在舍内赶鸭运动2～3次，每次5～10分钟。操作规程要相对稳定，尽量避免一切突然刺激而引起应激反应。

130. 怎样确定产蛋期蛋鸭的适宜饲喂量?

蛋鸭的饲养标准，需要在实践过程中，根据生长发育的具体情况酌情制订。如蛋用型品种绍兴鸭，正常的开产日龄是130～150天，标准的开产体重为1 400～1 500克，如体重超过1 500克，则认为过于肥大，影响及时开产，应轻度限制饲养，适当多喂些青饲料和粗饲料。对发育差、体重轻的鸭，要适当提高饲料品质，每只每天的平均喂料量可掌握在150克左右，另加少量的动物性鲜活饲料，以促进生长。青年鸭的饲料，全部用混合粉料，拌成湿料生喂，不用玉米、稻谷、麦子等单一的原粮。每天只需喂3～4次，每次喂料的间隔时间尽可能相等，避免采食时饥饱不均。

第二节　种鹅饲养管理

131. 什么是育成鹅?

育成鹅是指1月龄以上至选种或转入育肥期的鹅。种鹅的育成期是指70～80日龄至开产前这段时间，也称后备期，育成鹅也称后备鹅。育成期种鹅的饲养管理的重点是对种鹅进行适当限制饲养，其目的在于控制体重，确保性腺适时成熟，使母鹅的开产时间一致。

132. 育成鹅的饲养方式有哪些?

育成鹅的饲养方式与生长育肥鹅的饲养相同，主要有三种形式，即放牧饲养、放牧与饲舍结合、全舍饲饲养。

133. 怎样确定育成鹅养殖密度、光照和通风程序?

中小型鹅种育成期养殖密度以3～4只/米^{2}为宜，大型鹅种以2～3只/米^{2}为宜。育成鹅13周龄前采用自然光照，14周龄至开产前采用8小时光照，夜间舍内保持弱光光照，到产蛋前逐渐增加光照。通风要求与生长育肥鹅相同。

134. 为什么育成鹅要进行分群饲养?

公鹅第二次换羽后开始有性行为，为使公鹅充分发育成熟，从100～120日龄起，公、母鹅应分群饲养。这样既适应各自的饲养管理要求，又能有效防止早熟鹅的交配。对公鹅进行充分放牧可增强体质，并便于晚间补饲。为了使公鹅保持一定的体重和健康的体质，饲料应在母鹅控制饲养阶段水平的基础上每天再补饲1次，但必须防止因饲料营养水平过高而提前换羽。

135. 育成鹅需要运动、洗浴和戏水吗?

鹅有喜水性，习惯在水中嬉戏、觅食和求偶交配，每天约有1/3的时间在水中生活，只有在产蛋、采食、休息和睡眠时才回到陆地。宽阔的水域、良好的水源是养鹅的重要环境条件之一。因此，最好能有清洁良好的水源，满足育成鹅运动、洗浴、戏水的需要，促进生长发育。由于育成鹅代谢旺盛，对青粗饲料的消化能力强，在种鹅的育成期应利用其消化青粗饲料能力强的特性，以放牧为主，锻炼种鹅的体质，降低饲料成本。

136. 怎样确定育成期种鹅的饲料喂量？

种鹅的育成期可分为前期生长、控制饲养和恢复饲养三个阶段进行饲养管理。

（1）前期生长阶段　在80～120日龄时，中鹅处于生长发育阶段，需要较多的营养物质，不宜过早进行控制饲养，应逐渐减少喂饲的次数，并逐步降低日粮的营养水平，逐步过渡到控制饲养阶段。

（2）控制饲养阶段　从120日龄开始至开产前50～60天结束。定量饲喂，日平均饲料用量一般比生长阶段减少50%～60%；降低日粮的营养水平，饲料中可添加较多的填充粗料。但要根据鹅的体质，灵活掌握饲料配比和喂料量，以维持鹅的正常体质。控料要有过渡期，逐步减少喂量，或逐渐降低饲料营养水平。注意观察鹅群动态，对弱小鹅要单独饲喂和护理。搞好鹅场的清洁卫生，及时换铺垫草，保持舍内干燥。

（3）恢复饲养阶段　控制饲养的种鹅在开产前50～60天进入恢复饲养阶段（种鹅开产一般在220日龄左右），应逐步提高补饲日粮的营养水平，并增加喂料量和饲喂次数。日粮中蛋白质水平控制在16%～17%为宜。经20天左右的饲养，种鹅的体重可恢复到限制饲养前的水平。此阶段种鹅开始陆续换羽，为了使种鹅换羽整齐并缩短换羽的时间，可在种鹅体重恢复后进行人工强制换羽，即人工拔除主翼羽和副主翼羽。拔羽后应加强饲养管理、适当增加喂料量。公鹅的拔羽期可以比母鹅早2周左右，使其能整齐一致地进入产蛋期。

137. 怎样选留符合标准的种鹅？

为了培育出健壮、高产的种鹅群，保证种鹅的质量，留作种用的鹅应经过以下3次选择。

第一次选择，在育雏期结束时进行。公鹅应选择体重大的，母鹅则要求具有中等的体重，淘汰体重较小的、有伤残的、有杂色羽毛的个体。

第二次选择，在70～80日龄进行。应根据生长发育情况、羽毛生长情况以及体型外貌等特征进行选择。淘汰生长速度较慢、体型较小、腿部有伤残的个体。

第三次选择，在150～180日龄进行。此时鹅全身羽毛已长齐，应选择品种特征明显、生长发育良好，体型结构、体重符合品种要求，健康状况良好的鹅。公鹅要求体型大、体质健壮、躯体各部分发育匀称、肥瘦大小适中、雄性特征明显、两眼灵活有神、胸部宽而深、腿粗壮有力；母鹅要求体重中等、颈细长而清秀、体型长圆、臀部宽广而丰满、两腿结实而间距宽。选留后公、母鹅的配种比例为：大型鹅种1∶(3～4)，中型鹅种1∶(4～5)，小型鹅种1∶(4～6)。

138. 种鹅配种方法有哪些?

按照交配的具体方法，鹅的配种可以分为自然交配、人工辅助配种和人工授精。具体内容请参看鸭配种方法。

139. 种鹅适宜配种年龄和公母比例是多少?

适时配种才能发挥种鹅的最佳效益。公鹅配种年龄过早，不仅影响自身的生长发育，而且受精率低；母鹅配种年龄过早，种蛋合格率低，雏鹅品质差。中国鹅种性成熟较早，公鹅一般在5～6月龄、母鹅在7～8月龄达到性成熟。配种月龄应在性成熟后期。最早配种月龄公鹅在6月龄以上，母鹅在8月龄以上为好。早熟的小型品种，公、母鹅的配种年龄可以适当提前。

一般小型品种鹅的公母比例为1∶(6～7)，中型品种1∶(4～5)，大型品种1∶(3～4)。在生产实践中，公、母鹅比例要根据种蛋受精率的高低进行调整，水源条件好，春、夏、秋初可以多配；水源条件差，秋、冬季则适当少配。青年公鹅和老年公鹅可少配，体质强壮的适龄公鹅可多配。在饲养管理良好的条件下，种鹅性欲旺盛，可以适当多配。刚经历过生殖器官和精液品质检查的公鹅可以适当少配。

140. 怎样进行种鹅群群体更新?

种鹅群更新有全群更新和逐年分批更新两种方法。

（1）全群更新　此法是将原饲养的种鹅淘汰，而全部选用新种鹅来代替。第1年的种鹅产蛋小，孵化的雏鹅生产力差。种母鹅3岁是产蛋高峰，种公鹅在2～4岁配种力最旺盛，这个阶段的种蛋受精率最高，孵化的雏鹅生命力最强。种鹅一般在饲养4～5年后进行更新，如果产蛋和受精率保持较高，还可适当延长利用年限；反之，如果母鹅产蛋率低，种蛋受精率差，则应将种鹅全部更新，另选新高产种鹅。

（2）逐年分批更新　分批淘汰低产鹅，分批补充新种鹅。分批淘汰的方法，能使种鹅群保持持久旺盛的生产力和生命力。因3～4岁的鹅产蛋量最高，蛋形大，孵化的雏鹅亦大，易于饲养，具有育种价值。用这种方法更新种鹅群，鹅群的龄期结构要有合理比例：1岁鹅占20%、2岁鹅占25%、3岁鹅占30%、4岁鹅占15%、5岁鹅占10%。采用分批方法更新种鹅群，由于新、老鹅混合组群，要调教好鹅群，使其和谐相处，并同时按比例更换种公鹅，做到公、母鹅龄期平稳，比例适当。此外，有些小型早熟鹅种，如太湖鹅和库班鹅，其产蛋量以第一年为最高，对这些种鹅，很多农户习惯采用“年年清”的办法进行全群更换，即公、母鹅只利用一年，一到产蛋末期少数鹅开始换羽时就全部淘汰，将其作为商品鹅出售。

141. 怎样提高种鹅受精率?

（1）首先应把好选种关　种用公鹅应选发育正常，体型较大，毛色纯白，头大脸宽，眼亮有神，喙长而钝，颈粗稍长，胸宽厚，背宽长，腹丰整，胫粗有力，两腿间距较大，鸣声洪亮，行动灵活，外观雄壮威武，性欲旺盛者。配种前对种公鹅进行采精检查，阴茎发育正常，精液品质好的公鹅作为种鹅。母鹅应选发育良好，体态匀称，外貌清秀，体型长圆，前躯较浅窄，后躯深宽，臀部圆阔，喙短，眼睛有神，颈细长适中，两翅紧扣躯体，羽毛紧密而有光泽，两脚距离宽，脚掌较小，尾毛短且上翘。毛色、胫、蹼颜色均符合品种特征，繁殖力强者，作为种用。

（2）要合理安排公母比例 公鹅太多，容易因争夺母鹅而发生咬斗伤亡，影响受精率；公鹅太少，会使部分母鹅配不上种。养殖户应根据鹅的品种，合理搭配公、母比例，才能够获得较高的种蛋受精率。一般产蛋前公母配比可按1:(5～6)，产蛋期按1:(7～8)，产蛋后期1：(9～10)。公、母种鹅有一定的利用年限，超过利用年限的种鹅生产性能下降，影响产蛋及受精率，应及时淘汰。一般公鹅3岁以上，母鹅4岁以上应淘汰，优秀者可延用1年。同时及时选择优良种鹅补充种群。大群自然交配，公、母鹅的年龄与体质最好近似，有利于提高受精率。此外，公、母种鹅应从小放在一起饲养，便于建立自然的亲善关系。

（3）利用人工授精技术提高母鹅受精率 繁殖期对种公鹅单独饲养管理，可大大缩小公母比例，提高优良种公鹅利用率，减少经性途径传播的疾病。采用人工授精，1只公鹅的精液可供12只以上母鹅受精。一般情况下，公鹅每1～3天采精1次，母鹅每5～6天输精1次。

（4）要抓好放水，提供良好配种环境 鹅是大型水禽，特喜在水中游泳、嬉戏、采食，最喜欢水中交配，所以必须保证有一定面积的水域，是提高受精率的重要环节。有条件时给种鹅设水池。一般1只鹅应有1.0～1.5米^{2}的水面，水深1米左右为好。水面不宜太大或太小，否则影响受精率。早晨和傍晚是种鹅交配活跃期，在种鹅产蛋季节，早晨和傍晚应适当延长放水时间，使母鹅获得较多的配种机会，以提高种蛋受精率。

（5）要加强饲养管理，保证营养需求　产蛋期的母鹅和配种的公鹅体能消耗大，饲料营养水平跟不上，会直接影响产蛋量和种蛋受精率。种鹅日粮中粗蛋白质应保持在16%～17%，并给予一定量的矿物质元素和食盐。日喂2～4次，饮水要充足、清洁。舍饲种鹅要补充足够的青绿多汁饲料和沙砾，尤其是生产期更为重要。种公鹅应提早补充精料，使其精力充沛，以利配种。

142. 产蛋种鹅的饲养方式有哪些？

产蛋种鹅的饲养方式也分舍饲、放牧和半舍饲3种。无论用哪种方式饲养产蛋种鹅，均要为种鹅提供水池，以利于种鹅的交配。

采用舍饲方式饲养，需要建造人工水池，面积根据种鹅数量确定，一般5只/米^2，水深一般在1～1.5米；采取放牧方式饲养，在选择放牧场所时，牧场周围最好要有清洁的池塘或流动水面，水深1米左右，以便于鹅饮水、交配和洗浴；半舍饲鹅舍要靠近水源搭建鹅棚，特别要搭建好产蛋棚，使产蛋母鹅能定点产蛋，产蛋棚一般规格是长2.7米、宽1.2米，地基要稍高于地面，并加固及铺上草垫（稻草为好），以防鹅蛋受潮。同时，还要围设陆上运动场和水上运动场，确保鹅有足够的运动空间。

舍饲种鹅投入多、养殖规模大、管理方便、防疫规范，适宜集约化养殖；放牧种鹅节省饲料成本，但管理粗放、防疫难度大、容易感染疾病，经常出现“窝外蛋”；半舍饲种鹅对水源要求高。对于采取何种饲养方式，要根据实际情况，因地制宜，选择合适的饲养方法，才能取得好的经济效益。

143. 产蛋种鹅的适宜环境温度是多少？

母鹅产蛋最适宜的温度是12～22℃，公鹅配种温度要求为13～25℃。种鹅的生活环境温度可直接影响鹅的采食量。当温度超过30℃时，鹅的食欲下降，有的还会停止采食，产蛋量明显下降，有的甚至停产。如果温度过低，则会使种鹅摄入的营养大部分用来御寒，造成能量的浪费，如果饲料营养供给不及时，会导致产蛋量下降。在夏季要做好防暑降温工作和产蛋后期的管理，可采取人工降温和淋浴，这样可延长种鹅产蛋期。

144. 产蛋种鹅的产蛋设备有哪些？

在种鹅开产前2周，需要在舍中放置产蛋箱，让母鹅养成进产蛋箱或产蛋棚的习惯。放牧饲养的，应在放牧地靠近水附近或地势平坦处搭建好产蛋棚，以免种鹅到处产蛋。

（1）产蛋箱 一般放置在舍中后墙下方，高约70厘米，宽约50厘米，长约90厘米。产蛋箱有两种：需要做种鹅个体产蛋记录的可采用自动关闭式产蛋箱，母鹅产完蛋不能走出产蛋箱，需要由饲养员捡蛋做好记录并将其放出；而另一种产蛋箱则没有门，鹅产蛋可自由进出，用于生产鹅场。

（2）产蛋棚 一般长2.7米，宽1.2米，高1.2米，地基要高于地面，应夯实地基，上面铺垫草，垫草要常换。产蛋期间，产蛋箱和产蛋棚不能更换或移位。

145. 怎样确定产蛋期种鹅的饲料喂量？

对于精料，小型鹅每日喂量为150克左右、中型鹅为200克左右、大型鹅为250～300克。用混合饲料饲养时，日粮粗蛋白质水平以16%～18%为宜。每日喂料3～4次，其中晚上喂1～2次，青饲料自由采食。喂料时，要定时定量，掌握先精后青再休息的程序。对于种鹅放牧饲养的，一般上午放牧，归舍后喂第一次料，喂完后在附近水塘或河边休息并喂给青料；下午出牧前喂第二次料；傍晚归舍后喂第三次料；晚上再加喂一次料。此外，在产蛋期必须供给充足的清洁饮水和矿物质饲料。

在日常饲养中，具体喂多少精料及饲料配制是否合适，应根据鹅的膘情、产蛋量、蛋重、蛋壳质量以及粪便情况做出适当调整。

一看膘情，如果母鹅膘情不好，应加喂精料，尤其增加蛋白质饲料含量，否则会影响母鹅产蛋；母鹅过肥也影响其产蛋。二看产蛋量、蛋重和蛋壳质量，如果产蛋少、蛋小、蛋壳薄，则应适当补加蛋白质和矿物质饲料。三看粪便，如果鹅排出的粪便粗大、松软，呈条状，表面有光泽，用脚轻拨能分成几段，说明营养适中，消化正常；若粪便细小，结实发黑，轻拨后粪便断面呈粒状，说明精料过多，营养水平偏高，消化吸收不充分，需要减少精料，增加青饲料；如果粪便色浅、不成形，一排出就散开，说明精料不足，营养水平不够，应补充精饲料。

146. 什么是种鹅休产期？如何界定？

鹅产蛋有明显的季节性，总体来说，鹅每年的产蛋期一般为7个月左右。南方地区鹅的产蛋季节为冬春季，即为每年的10月至次年5月，北方则集中在春季2～6月。但不管哪个地区，饲养管理好的可能延长产蛋期，反之可能缩短产蛋期。如果鹅群产蛋量显著下降、产蛋少、蛋变小，羽毛干枯，母鹅呈严重贫血现象，公鹅性欲下降、受精率低，这就表明种鹅群逐渐进入了休产期，应该按休产期的要求进行饲养管理。

147. 休产期种鹅如何饲养管理？

休产期的种鹅如有条件应以放牧为主，舍饲为辅，日粮改为育成期控制阶段日粮（粗料型日粮），既降低饲养成本，又促使种鹅消耗体内脂肪，同时锻炼鹅体质和耐粗饲能力，以利于换羽。在休产期，为了缩短换羽的时间及换羽后开始产蛋的时间比较整齐，可采用人工强制换羽。

148. 什么是人工强制换羽？

人工强制换羽，就是人为地给鹅施加一些应激因素，在应激因素作用下，使其停止产蛋，体重下降、羽毛脱落从而更换新羽。强制换羽的目的是在短期内使鹅群换羽、停产，并缩短换羽停产的时间，从而改变鹅群的开产时间，提高产蛋的整齐度，提高蛋的品质，便于管理和生产。通过人工强制换羽，可以对种鹅进行反季节繁殖生产。

149. 人工强制换羽的操作方法是什么？

（1）整群与停料 强制换羽前1～2天进行整群，淘汰伤残鹅；停止人工光照，使用自然光照；停料3～4天，停止时间以产蛋率降至5%以下为准；保证充足饮水。

（2）饲喂青料 从第4～5天开始饲喂青草或适当加一点育成鹅饲料，喂7天左右（具体时间以拔毛完成为止）。

（3）人工拔毛 停料后7～10天，当产蛋率几乎降至0时开始试着拔大翅膀毛。如果拔下来的毛不带血，就可逐根拔掉。暂时不适合拔的鹅第二天再拔，2～3次（天）可拔完。拔羽时多在温暖晴天的黄昏时进行，寒冷的阴雨天切忌拔羽。对拔羽后的鹅，要加强饲养管理，将鹅群围养在干净的运动场内饲喂与休息，不要下水，以防止感染。喂量逐渐增加，质量由粗到精，逐步过渡到正常。5～7天后开始恢复放牧。

（4）饲喂育成鹅料 拔羽完成后喂育成鹅料加青草，饲喂方法与育成期限制饲养方法相同。从停料到交翅（主翼羽在背部交叉）需要50～60天。

（5）换产蛋鹅料 交翅后换成产蛋鹅料，用2～3周时间将喂料量增加至饱食量，同时逐渐增加光照。

（6）后期饲养管理 当产蛋率达30%以上时，使用产蛋高峰期饲料，自由采食，之后恢复正常的饲养管理。

150. 人工强制换羽注意事项有哪些？

（1）要适时掌握母鹅的强制换羽时机 强制换羽的鹅，应在产蛋率、蛋的品质明显下降、高温天气前和经济效益差时进行。

（2）挑出体况较差的母鹅　强制换羽对鹅体来说是十分残酷的手段，必须把病弱的个体挑出，只选健康的鹅进行换羽。

（3）挑出公鹅　种公鹅换羽会影响受精率，强制换羽的办法不适用于公鹅。

（4）密切关注换羽期间死亡率的变化　第一周鹅群死亡率不应超过1%，前10天不应高于1.5%。如超出上述范围，应及时调整操作方法。

（5）掌握好补料时间　当鹅的体重降低10%～20%时，发现有部分鹅因体力消耗过大，精神萎靡，站立困难，而又非疾病造成，这时就要开始给予精料，也可隔离单独给料。否则会因饥饿过度、体质下降而引起死亡。

（6）提前免疫　应在强制换羽前对鹅群进行免疫，注射禽流感疫苗和小鹅瘟疫苗，待20天后抗体效价升到理想水平时再实施换羽措施。若换羽后免疫，会引起鹅体强烈的应激反应。

151. 什么是鹅反季节繁殖技术？

鹅反季节繁殖技术是指通过人为的措施调整种鹅的产蛋季节，使种鹅在非正常的繁殖季节产蛋，并全年均衡为市场提供商品肉鹅。鹅的繁殖具有明显季节性，我国大部分地区的种母鹅一般从每年9月开产，至来年的4～5月停产。因此，商品鹅苗的生产供应主要集中在11月至次年6月，致使全年产销严重失调。这种明显的季节性繁殖造成了雏鹅及肉鹅的市场价格在7～10月份较高。而冬季1～2月份雏鹅上市高峰期与中国传统的春节重叠，加之牧草短缺，农户养鹅积极性下降，雏鹅供过于求。鹅苗全年供应的不均衡性，使其市场价格波动较大。实践证明，通过反季节调控可以改变鹅的繁殖季节，达到全年均衡生产的目的。

152. 鹅反季节繁殖的主要方法有哪些？

（1）调整产蛋季节，将常规种鹅转变为反季节种鹅　现以四川白鹅为例加以说明。四川白鹅开产日龄在200～210天，常规饲养的四川白鹅种鹅，一般为每年的1～2月份留种，9月份至次年的4月份为繁殖产蛋期，5～8月份为休产期。为了把常规饲养的种鹅转化为反季节种鹅，在常规饲养的种鹅开产4个月后，即在次年1月份进行整群，停止精料供给使其停产，进行强制换羽，经60～90天的恢复后，种鹅4月份重新开产，至12月底停产，结束第一个产蛋年。如此反复，在每年的1月份进行强制换羽，并配套相应的饲养管理措施，使四川白鹅在每年的4～12月份产蛋，实现反季节繁殖。接下来又可强制换羽，次年4月又进入产蛋期。

（2）转变留种习惯，适时留种，培育专门的反季节鹅种 培育夏季产蛋种鹅，即通过选择适当的留种时间，同时控制光照和温度条件，使鹅群夏季产蛋。改变传统的1～2月份留种的习惯，采取选留在8月中旬至9月上旬时段的鹅苗（来自于反季节种鹅的后代），按后备种鹅管理要求进行培育，在种鹅5月龄即次年1～2月份实行强制换羽，使其在4月份开产，直至12月份停产，结束第一个产蛋年。接下来按反季节种鹅饲养，次年的4月又进入产蛋期。反季节种鹅可连续利用2～3年。

（3）通过调控光照时间，改变鹅的繁殖季节性，进行鹅的反季节繁殖 世界上的大部分鹅种，除少数几个北方鹅种属于春夏季日照延长时进行繁殖的长日照繁殖动物外，大部分鹅种繁殖季节开始于秋冬季日照较短之时。通过调控光照，调节鹅的生殖活动，从而打破鹅原有的生物节律，改变鹅的繁殖季节性，进行鹅的反季节繁殖。其具体操作流程如下。

①鹅舍的改建：与常规的鹅舍相比，用于进行反季节繁殖的鹅舍要完全避光。通常屋顶可用油毛毡衬里，外覆杉树皮，墙壁1米以下留空，以放置通风卷帘，或者每隔5米做成0.5～1米的实墙，用于固定卷帘，底部30厘米做成通风口，内外相通，向外延伸，于上覆盖水泥盖板控制光线。舍内每18米^{2}面积采用1盏40瓦灯泡照明，吊高2米，灯泡外带灯罩，并经常擦拭灯泡，以保持干净，

确保光线的效果。

②鹅的光照调控：对于2岁和2岁以上的老鹅，从1月份开始进行长光照处理，在保证白天正常光照外，还需早晚通过人工开关灯延长鹅的光照时间，使其每天保证19 ~ 20小时的光照，持续8周。对处于第一个产蛋季的鹅，在进行长光照的同时开始限料。通过这些措施诱导鹅休产后，于2月底或3月初开始缩短光照，每天下午4时将鹅驱赶入蔽光的鹅舍，次日早8时将鹅从鹅舍放出，每天对鹅进行8小时光照，持续5周。然后每周增加1 ~ 2小时的光照，诱导鹅开产，直至每天进行11.5 ~ 12小时的光照，此时鹅将会进入产蛋期。产蛋期将持续30周，等到12月底1月初再进行长光照诱导休产。这样就可以使鹅的产蛋季节处于5 ~ 12月，与鹅的正常产蛋季节相反。此时，鹅的种蛋和雏鹅价格较高，从而可以大大提高养鹅的经济效益。

（4）通过温度调控，进行种鹅的反季节繁殖　在我国南方，种鹅的反季节生产多集中在炎热的6 ~ 8月份。种母鹅的适宜产蛋温度范围一般在8 ~ 30℃，而南方夏季气温通常都在30 ~ 40℃，在低海拔地区要降低种鹅的环境温度，一般采用空调或湿帘降温系统，但这些方法成本高。一些种鹅养殖场（户）在高海拔地区利用凉爽的自然环境进行种鹅的反季节繁殖，十分经济而有效，而北方冬季温度过低也会影响种鹅的产蛋性能，必须控制好鹅舍的温度。

第七章　水禽孵化管理

第一节　种蛋收集

153. 怎样收集种蛋?

种蛋的收集应随不同的饲养方式而采取相应的措施。在放牧饲养条件下，因不设产蛋箱，蛋产在垫料或地面上，种蛋的及时收集显得十分重要。初产期水禽一般在凌晨大量产蛋。随着产蛋日龄的延长，产蛋时间往后推迟，产蛋后期的母禽多数也在上午10点以前产完蛋。舍饲饲养的种禽可在舍内设置产蛋箱，随时保持舍内垫料的干燥，特别是产蛋箱内的垫草应保持新鲜、干燥、松软。刚开产的母禽可通过人为的训练让其在产蛋箱内产蛋，同时应增加捡蛋的次数，减少种蛋的破损。当气温低于0℃时，如果种蛋不及时收集，时间过长种蛋受冻；气温炎热时，种蛋易受热。环境温度过高、过低，都会影响胚胎的正常生长发育。

154. 怎样选择种蛋?

种蛋选择时要通过看、摸、听、嗅等人为感官来鉴别种蛋的质量。眼看：观察蛋的外观，蛋壳结构、蛋形是否正常，大小是否适中，表面清洁情况如何等。手摸：触摸蛋壳的光滑或粗糙等，手感蛋的轻重。耳听：用两手各拿3个蛋，转动5指使蛋互相轻轻碰撞，听其声音，完好无损的蛋的声音脆，有裂纹、破损的蛋可听到破裂声。鼻嗅：嗅蛋的气味是否正常，有无特殊气味等。还可利用太阳光或照蛋器通过光线检查蛋壳、气室、蛋黄、蛋白、血斑、肉斑等情况，对种蛋做综合鉴定，这是一种准确而简便的方法。如发现气室较大、系带松弛、蛋黄膜破裂、蛋壳有裂纹等，均不能作为种蛋使用。

155. 怎样保存种蛋？

种蛋收集后如果保存条件较差，保存方法不当，对孵化效果均有不良影响。保存种蛋的适宜温度为10 ～ 15℃。适宜时间以1周内为好，最多不超过15天，超过15天后种蛋的孵化率明显下降。保存时间超过1周者，每天可进行1 ～ 2次翻蛋，改变角度即可。如把种蛋箱一侧垫高，下一次翻蛋把另一侧垫高。适宜湿度为75%左右。种蛋库要清洁卫生，不能有阳光直射。

156. 种蛋在运输时有哪些注意事项？

种蛋运输是良种引进、交换和推广过程中不可缺少的一个重要环节。包装种蛋最好的用具是专用的种蛋箱或塑料蛋托盘，尽量使大头向上或平放，排列整齐，以减少蛋的破损。种蛋的运输过程中应注意避免日晒雨淋。装卸时轻装轻放，严防强烈震动。种蛋运到后，应立即开箱检查，剔除破损蛋，进行消毒，尽快入孵。

157. 怎样消毒种蛋？

蛋产出后，蛋壳表面很快就通过粪便、垫料感染了病原微生物，而且繁殖速度很快。据研究，刚产出的蛋的蛋壳表面细菌数为100 ～ 300个，15分钟后为500 ～ 600个，1小时后达到4 000 ～ 5 000个，而且蛋壳表面的某些细菌会通过气孔侵入蛋内，影响孵化率。因此，蛋产出后，除及时收集种蛋外，应立即进行消毒处理。种蛋常用的消毒方法有福尔马林熏蒸消毒和新洁尔灭消毒。

（1）福尔马林熏蒸消毒法　每立方米的空间用40%的甲醛溶液30毫升、高锰酸钾15克，熏蒸20 ～ 30分钟，熏蒸时关闭门窗，室内温度保持在25～27℃，相对湿度为75%～80%，消毒效果较好。熏蒸后迅速打开门窗、通风孔，将气体排出。消毒时产出的气体具有刺激性，应注意防护，避免接触人的皮肤或吸入。

（2）新洁尔灭消毒法 将种蛋排列在蛋架上，用喷雾器将0.1%的新洁尔灭溶液喷雾在蛋的表面。消毒液的配制方法：取浓度为5%的原液一份，加50倍的水，混合均匀即可配制成0.1%的溶液。注意在使用新洁尔灭溶液消毒时，切勿与肥皂、碘、高锰酸钾和碱并用，以免药液失效。

（3）氯消毒法 将种蛋浸入含有活性氯1.5%的漂白粉溶液中3分钟，取出尽快晾干后装盘。

158. 孵化前准备工作有哪些？

孵化前要做好孵化计划的制订、人员到位、孵化室的准备、温差测试和消毒等准备工作。

（1）孵化计划的制订 根据孵化机数量、种蛋来源等选择整批入孵或者分批孵化的方法，尽量把上蛋、照蛋、落盘和出雏等工作时间错开安排。

（2）孵化人员要求 孵化对操作人员技术要求较高，孵化前要确定操作人员可以熟练控制孵化设备，具备熟练码盘、入孵、照蛋、凉蛋和落盘等具体操作技术和经验，遇到问题可以随时调整。

（3）孵化室的准备 孵化室内保持良好的通风和适宜的温度，一般要求温度22～26℃，湿度60%～65%。孵化前应彻底清扫孵化室和孵化机并消毒，检修供电线路，对孵化机箱体、蛋架、蛋盘、通风供温设备等进行全面检修。

（4）孵化机内温差测试 孵化机内各处温差的大小直接影响孵化效果，使用前在机内的蛋架上装满空的蛋盘，将温度计固定在蛋架车内的上、中、下、左、右、前、后部位，然后将蛋架翻向一边，通电使加热系统和风机正常运转，机内温度控制在37.8℃左右，当机内温度稳定半小时后，记录各点温度，将蛋架翻转到另一边，反复各两次，就能基本弄清孵化机内温差及其与翻蛋状态间的关系。

（5）消毒　孵化室的地面、墙壁、顶棚应彻底消毒，孵化室每天用清水冲洗一次，每批种蛋孵化前对机内进行清洗，并用福尔马林熏蒸，也可用药液喷雾消毒，每次落盘或出雏后必须对孵化机、出雏机、蛋架、蛋盘进行清洗消毒。

第二节　孵化方法

159. 水禽养殖场孵化设备有哪些？

孵化设备主要有孵化机、出雏机、照蛋器等（图7–1、图7–2）。孵化机要求温差小，温度和湿度控制精确，孵化效果好，便于操作，安全可靠。孵化机类型大致分为平面孵化机和立体孵化机两大类，立体孵化机分为箱式和巷道式，目前水禽孵化采用最多的是立体孵化机。照蛋器有手执式照蛋器、箱式照蛋器和盘式照蛋器几种。

此外，孵化场应备有标准水银温度计，用以检测其他水银温度计或酒精温度计、干湿球计，根据检测校正，将误差正负多少度标于橡皮膏上，再粘贴于温度计上端。孵化场还应配备装有转轮的可移动工作台，供进行雌雄鉴别、装箱及其他日常操作，工作台的大小应视孵化场的类型而定。清洗机用以冲洗地板、墙壁、孵化设

图7–1　孵化机

图7–2　出雏筐

备、孵化盘、出雏盘和出雏筐等。

160. 水禽孵化方法有哪些？

水禽的孵化方法可分为自然孵化和人工孵化两大类。自然孵化又称天然孵化，利用母禽的就巢性孵化种蛋。但现代水禽养殖中就巢性不利于产业的发展，仅有少部分鸭和一些鹅品种的就巢性没有完全排除掉。我国的家鸭种蛋很早就使用人工方法孵化，经验非常丰富，近年来，又普及了大型电机孵化法，孵化的过程实现了自动化、电气化、标准化，大大提高了孵化效率。

161. 什么是照蛋？如何操作？

照蛋是指在孵化一定时间后，利用蛋壳的透光性，用照蛋器通过阳光、灯光对所孵的种蛋进行透视，以检查胚蛋发育情况，剔除未受精蛋及早期死胚蛋，照蛋是孵蛋过程中不可缺少的环节。

照蛋的用具设备可因地制宜，就地取材，视具体情况而定。最简便的是在孵化室的窗或门上，开一个比蛋略小的圆孔，利用阳光透视。或者采用方形木箱或铁皮圆筒，同样开孔，其内放置电灯泡或煤油灯。将蛋逐个朝向孔口，稍微转动对光照检。目前，多采用手持照蛋器，也可自制简便照蛋器。照蛋时将照蛋器透光孔按在蛋的大头下逐个点照，顺次将蛋盘的种蛋照完为止。此外，还有装有灯管和反光镜的照蛋框，将蛋盘置于其上，可一目了然地检查出无精蛋和死胚蛋。为了增加照蛋的清晰度，照蛋室需保持黑暗，最好在晚上或室内关灯黑暗的条件下进行。

162. 照蛋过程中应注意些什么？

照蛋操作力求快捷准确，如操作过久会使蛋温下降，影响胚胎发育而延迟出雏。第一次照蛋一般在孵化后第6～7天进行，通过照蛋，拣出无精蛋和死胚蛋。受精蛋胚胎发育正常，血管呈放射状分布，颜色鲜艳发红；死胚蛋颜色较浅，内有不规则的血弧、血环，无放射状血管；无精蛋发亮，无血管网，只能看到蛋黄的影子。第二次照蛋在入孵后第15 ~ 16天进行。

163. 种蛋孵化过程中温度控制方法有哪几种？

温度是种蛋孵化的重要条件，直接影响到孵化效果的好坏，只有在适宜的温度下才能保证胚胎的正常发育。一般情况下，鸭、鹅胚胎的适宜孵化温度为37 ~ 38℃，温度较高则胚胎发育较快，温度较低则胚胎发育延缓。孵化过程中根据温度的变化与否，分为恒温孵化和变温孵化两种控温制度。

164. 什么是恒温孵化？如何控制？

恒温孵化是孵化温度保持恒定不变，出雏温度略降，适用于种蛋来源少、进行分批入孵的情况，恒温孵化节能效果明显，还可节省劳力和面积。水禽恒温孵化温度见表7–1。

表7–1　水禽恒温孵化温度

水禽	胚龄（日）	孵化室内温度（℃）	孵化机内温度（℃）
鸭	1 ~ 28	23.9 ~ 29.5	38.1
		29.5 ~ 32.2	37.8
鹅	1 ~ 31	23.9 ~ 29.5	37.8
		29.5 ~ 32.2	37.5

165. 什么是变温孵化？如何控制？

变温孵化是根据不同胚龄胚胎发育的情况，采取适宜的孵化温度，即随着胚龄增加逐渐降低孵化温度。水禽蛋在孵化后期代谢产热较多，若不及时调整孵化机内温度，可能引起机内局部超温，导致胚胎死亡。变温孵化多在种蛋来源充足或室温偏低时使用。水禽变温孵化温度见表7–2。在生产中，孵化温度应根据季节、品种和孵化方式等的不同而进行适当调整。

表7-2 水禽变温孵化温度

水禽	胚龄（日）	孵化室内温度（℃）
鸭	1	39 ~ 39.5
	2	38.5 ~ 39
	3	38 ~ 38.5
	4 ~ 20	37.8
	21 ~ 25	37.5 ~ 37.6
	26 ~ 28	37.2 ~ 37.3
鹅	1 ~ 14	38
	15 ~ 28	37.5
	29 ~ 31	36.5

166. 怎样控制种蛋孵化过程中的湿度?

相对湿度对胚胎发育有很大影响，孵化过程中湿度变化总的原则是“两头高，中间低”。孵化初期，胚胎产生羊水和尿囊液，并从空气中吸收一些水蒸气，相对湿度控制在70%左右。孵化中期，胚胎要排出羊水和尿囊液，相对湿度控制在60%为宜。孵化后期，为使有适当的水分与空气中的二氧化碳作用产生碳酸，使蛋壳中的碳酸钙转变为碳酸氢钙而变脆，有利于胚胎破壳而出，并防止雏鸭绒毛粘壳，相对湿度控制在65% ~ 70%为宜。实际生产中应防止同时出现高温高湿，因为高温高湿会导致排气不通畅，使得孵化机内二氧化碳浓度加大，影响胚胎发育。

167. 什么是凉蛋? 如何凉蛋?

凉蛋是水禽孵化过程中特有的程序，因为水禽胚胎内脂肪含量较高，孵化中后期胚胎代谢产热量大。因此，定时凉蛋有助于胚胎的散热，促进气体代谢，提高血液循环系统的机能，增加胚胎体温调节的能力，有利于提高孵化率和雏鸭质量。胚胎发育到中期以后，凉蛋有利于生理热的散发，可防止胚蛋超温，对提高孵化率有良好的作用。这点对大型肉鸭和鹅的种蛋孵化更为重要。

水禽种蛋在孵化14天以后就应开始凉蛋，每天凉蛋2次，每次凉蛋20 ～ 30分钟，不能超过40分钟。一般用眼皮试温，感觉既不发烫又不发凉即可放到孵化机内。夏天外界的气温较高，只采用通风凉蛋不能解决问题，可将25 ～ 30℃的水喷洒在蛋面上，表面见有露珠即可，以达到降温目的，如果喷一次水不能解决问题，可喷2次，以缩短凉蛋的时间。凉蛋时间不能太长，否则易使胚蛋长期处于低温，影响胚胎的生长发育，必须根据具体情况，灵活应用。

168. 提高水禽孵化率和出雏率的方法有哪些?

提高水禽的孵化率和出雏率，要从养殖、孵化各个环节做好管理工作。

（1）种蛋的品质　对孵化率和雏苗的质量均有很大的影响，也是孵化场经营成败的关键之一。种蛋品质好，胚胎的生命力强，供给胚胎发育的各种营养物质丰富。种蛋产出后及时收集，减少种蛋受污染的程度，这是保持较好的种蛋品质、提高种蛋合格率和孵化率的重要措施。

（2）种禽健康　种禽必须是健康无病的，生产性能（产蛋或产肉）是优秀的。

（3）种禽饲养与营养　需给予种禽恰当的管理和合理营养水平的日粮。日粮中必需的营养素不能缺乏，以保证胚胎发育时期的营养需求。

（4）贮存时间　孵化用种蛋，贮存时间越短越好。新鲜的种蛋内的营养物质变化损失少，各种病原微生物侵入也少，胚胎生命力强，雏禽出壳整齐、健壮活泼，孵化率高。

（5）孵化技术　孵化过程中，恰当的消毒与适宜的温、湿度环境，有利于提高种蛋孵化率和出雏率。

第八章　水禽疫病防控

第一节　基础知识

169. 水禽养殖场常用的消毒药有哪些?

（1）按消毒药化学结构分类

①碱类：主要包括氢氧化钠、生石灰等，一般具有较好的消毒效果，适用于潮湿和阳光照不到的环境消毒，也用于排水沟和粪尿的消毒，具有一定的刺激性及腐蚀性，价格较低，且不易造成耐药性。

②氧化剂类：主要有高锰酸钾、过氧化氢等。

③卤素类：1% ~ 2%的碘酊常用于皮肤消毒，碘甘油常用于黏膜的消毒，氟化钠对真菌及芽孢有强大的杀菌力。还有漂白粉、氯胺等。

④醇类：75%乙醇常用于容器、皮肤、设备、工具的消毒。

⑤酚类：有甲酚、鱼石脂、苯酚等，消毒能力较强，但具有一定的毒性、腐蚀性、对环境污染较大，价格也较高。

⑥醛类：甲醛、戊二醛、环氧乙烷等，可消毒金属器械、排泄物，或者用于栏舍的熏蒸。具有刺激性、毒性、致癌性。

⑦表面活性剂类：常用的有新洁尔灭、度米芬等，适用于手术器械和工作服的消毒，还可以用于皮肤、黏膜的消毒。

⑧季铵盐类：有新洁尔灭、度米芬、洗必泰等，既为表面活性剂，又为卤素类消毒剂，主要用于皮肤、黏膜、手术器械、被污染

的工作服的消毒。

（2）按消毒效果分类

①高效消毒剂：戊二醛、甲醛、过氧乙酸等。

②中效消毒剂：含氯消毒剂（次氯酸钠、二氯异氰尿酸钠）、碘（碘伏、复合碘）、酒精等。

③低效消毒剂：新洁尔灭、洗必泰等。

170. 水禽养殖场常用的消毒程序和方法有哪些?

（1）进出人员车辆消毒　场区门口设消毒室，内配紫外灯、超声波喷雾等消毒设备，或同时设置紫外灯和超声波喷雾消毒系统。工作人员进入生产区和畜禽舍必须要经过消毒室，洗澡、更衣、换鞋、进行紫外线照射消毒或超声波喷雾消毒。鞋子在消毒池进行消毒，进入场区后按照指定路线行走。工作人员在接触种蛋、水禽群和饲料等之前须用可用于皮肤消毒的消毒液浸泡消毒3～5分钟。养殖场门口设置消毒池，消毒池长度为进出车辆车轮2倍周长为宜，池内注2%～3%氢氧化钠溶液，每3天更换一次；同时在消毒池前方再设置喷淋消毒设备，用于进场车辆车厢和车身消毒，没条件的可以放置一台喷雾器，由门卫对进场车辆进行消毒。禽舍周围和场内道路每3天用2%～3%氢氧化钠溶液喷淋消毒。场内下水道口、污水池等每周用漂白粉消毒一次。

（2）圈舍消毒　采用“全进全出”方式的圈舍，在上一批水禽出栏后，先进行彻底的清扫，然后用高压水枪进行全面冲洗，冲洗晾干后按每平方米1～1.5升消毒液的量进行消毒，再次晾干后可以用“甲醛+高锰酸钾”熏蒸再次消毒后空置。再次养殖的时间间隔比较久的，可在养殖之前再进行一次全面的熏蒸消毒或喷雾消毒。

（3）养殖过程中的消毒　在养殖过程中，每周对禽舍进行一次带禽消毒，可用过氧乙酸、新洁尔灭和百毒杀等对人畜无害的消毒药。一般选择2～3种消毒药交替使用，但交替周期不宜过短。食槽、水槽每周清扫消毒1次，夏季高温季节水槽应每周清刷2次，再用0.1%

的新洁尔灭溶液浸泡消毒。运输饲料和禽蛋的车辆应每周消毒1次，运送粪便车辆彻底冲洗后用2%～4%氢氧化钠溶液消毒1～2次。

被病禽分泌物和排泄物等污染的地面可用5%～10%漂白粉溶液、百毒杀或10%氢氧化钠溶液消毒。对放置过芽孢所致传染病（气肿疽、霍乱、炭疽等）的尸体的场所须严格加以消毒，可先用10%～20%漂白粉乳剂或5%～10%二氯异氰尿酸钠喷洒地面，然后将表层土壤掘起25～30厘米，撒上干漂白粉并与土混合，将此土运出养殖场深埋。发生烈性传染病时，禽舍的地面、墙壁、金属笼具等最好用火焰烧灼消毒；病死禽尸体、用具也可做焚烧无害化处理。出入禽舍应踩踏消毒液。在预防注射时使用的注射器、针

图8-1　超声波雾化消毒

图8-2　紫外灯消毒

图8-3　养殖场大门口车辆消毒池

图8-4　场区内喷雾消毒

头可煮沸消毒，防止人为传播。各种消毒方法见图8–1至图8–4。

171. 水禽养殖场如何杀灭蚊蝇和老鼠？

（1）杀灭蚊蝇 苍蝇可以传播呼吸道疾病和消化道疾病，蚊子可以传播乙脑和疟疾等，对人类和动物的健康产生很大危害。此外，蚊蝇滋扰还影响动物的休息，降低动物免疫力，造成皮肤过敏、生长发育受阻等。对于有条件的养殖场可以采用全封闭圈舍，粪便直接加工处理，从根本上消除蚊蝇生存环境。一般养殖场可以定期喷洒灭蚊蝇的药物（如拜耳素花等），或者饲料饮水中直接添加等灭蚊蝇的药物（如环丙氨嗪等）。

（2）杀灭老鼠 老鼠不仅会盗食饲粮，还会传播瘟疫，所以养殖场也必须做好灭鼠工作。灭鼠有多种方法：器械灭鼠有老鼠夹、电子灭鼠器、粘鼠板、鼠笼等，化学灭鼠用敌鼠钠盐、杀鼠醚、溴敌隆、大隆等。

使用化学药物消灭蚊蝇和老鼠时，应严格遵守有关规定，要严防药物污染环境，严防人和动物误食中毒。

172. 水禽养殖场常用疫苗有哪些？

水禽场常用的疫苗有H5N1型禽流感灭活苗、H5N2型禽流感灭活苗、ND4型新城疫+H9N2型禽流感二联灭活油苗、小鹅瘟弱毒疫苗、浆膜炎+大肠杆菌灭活苗、鹅巴氏杆菌灭活苗、鹅副黏病毒灭活苗、雏鸭病毒性肝炎疫苗、鸭疫里氏杆菌苗和鸭瘟疫苗等。具体到某水禽场该用些什么疫苗要结合当地的疾病流行特点进行综合考虑，细菌性疫苗如巴氏杆菌或大肠杆菌疫苗最好是用本场自己的毒株制作而成，这样才具有针对性。

173. 水禽疫苗如何运输、保存和使用？

（1）疫苗运输 疫苗应低温保存和运输，但应注意不同种类的疫苗所需的最佳温度不同。例如，冻干苗等需要−20 ~ 0℃ ；油乳剂疫苗和铝胶剂疫苗则应避免冻结，最适温度为2～8℃；细胞结合型马立克氏病疫苗则应在液氮内保存。运输前须妥善包装，防止碰破流失。运输途中避免高温和日光照射，应在低温下运送。大量运输时使用冷藏车，少量时装入盛有冰块的广口保温瓶内运送。但对灭活苗在寒冷季节要防止冻结。在夏季天气炎热时尤其要避免高温和阳光直射。

（2）疫苗保存和管理 疫苗应由专人保管，并造册登记，以免错乱。购买的疫苗应尽快使用。距使用时间较短者置于2～15℃的阴暗、干燥环境（如地窖、冰箱冷藏室等），量少者也可保存于盛有冰块的广口保温瓶中。需要较长时间保存者，弱毒疫苗保存于冰箱冷冻室（−18℃以下），灭活苗保存于冰箱冷藏室。不同种类、不同血清型、不同毒株、不同有效期的疫苗应分开保存，先用有效期短的，后用有效期长的，注意防止过期。电冰箱或冷藏柜内如结霜（或冰）太厚时，应及时除霜，使冰箱达到确定的冷藏温度。保存期较长的和较重要的疫苗应与常用疫苗分开保存，并尽可能减少打开冰箱门的次数，尤其是天气炎热时更应注意。此外，还应经常检查电冰箱或冰库电源及温度，为防止停电最好配备备用发电机。

（3）疫苗使用 接种前，应对使用的疫苗进行仔细检查，需检查的项目包括瓶签上的说明及疫苗名称、批号、用法、用量和有效期，确保瓶子与瓶塞无裂缝破损、瓶内的色泽性状正常、无杂质异物、无霉菌生长。不需要稀释的疫苗，先除去瓶塞上的封蜡，用酒精棉球消毒瓶塞；需要注射途径接种的疫苗，在瓶塞上固定一个消毒的针头专供吸取药液，吸液后不拔出，用酒精棉包裹，以便再次吸取；给动物注射用过的针头，不能吸液，以免污染疫苗；吸取和稀释疫苗时，必须充分振荡，使其混合均匀；已经打开瓶塞或稀释过的疫苗，必须当天用完，未用完的疫苗经加热处理后废弃，以防污染环境；吸入注射器内未用完的疫苗应注入专用空瓶内再处理。

174. 水禽养殖场药物如何运输和保存？

针对本场疾病防控需要，水禽养殖场可针对性地适量贮备部分药品。药品的运输是以不破坏兽药的有效性为原则，在运输过程中应防止兽药的混淆和破坏。在运输过程中，要采取适宜兽药保存的措施，运输麻醉药品、有毒药品、危险药品时要按照国家相关规定执行。药物在保存过程中，应注意防潮湿、防光照、防高低温、防超过保质期、防混放和防鼠咬和虫蛀等。

175. 水禽养殖场常见的免疫（给药）方法有哪些？

水禽养殖场常用的免疫（给药）方法有饮水、皮下或肌内注射、点眼或滴鼻、气雾免疫。

（1）饮水免疫　家禽饮水免疫具有其独特的优点，要有效地提高饮水免疫的免疫效果，减少不必要的免疫失败。饮水免疫常选用高效价的弱毒活疫苗。稀释疫苗时可用深井水或凉开水，饮水中不应含有任何氯、锌、铜、铁等可使疫苗灭活的物质，同时饮水器也要保持清洁干净，不可有消毒剂和洗涤剂等化学物质残留，器皿可用瓷器和无毒塑料等容器，饮水里面可加专门的疫苗保护剂或者用脱脂奶粉兑成保护性溶液，这样可以延长疫苗有效时间，获得更好的免疫效果。饮水免疫前后应控制家禽饮水和避免使用其他药物。免疫前对家禽提前3～5小时（冬）或1～2小时（夏）停止供水，具体停水时间长短可灵活掌握，以家禽产生渴感但没有应激为准，确保家禽在0.5～1小时内将疫苗稀释液饮完。

（2）皮下和肌内注射　注射时，可由助手牢固保定禽只，充分暴露出注射部位。如在颈部注射，可在颈背部下1/3处，用大拇指和食指捏住颈中线的皮肤并向上提起，使其形成囊状。针头从颈部下1/3处，针孔向下与皮肤呈45°角，从前向后刺入皮下0.5～1厘米，推动注射器活塞，缓缓注入疫苗注射完后，快速拔出针头。胸肌注射忌直刺，要顺胸骨方向倾斜入针。腿部注射时忌打内侧，刺激性较强的药物忌在腿部注射。药液量大时忌在一点注入，应分多点注射。在注射时，操作人员动作要轻而快，注完药后要按住针迅速拔针。注射器、针头要严格消毒，针头要在注射前用酒精棉球消毒，有条件的最好一只禽一个针头。一种连续式注射器见图8–5。

（3）点眼和滴鼻 适用于传染性支气管炎疫苗、鸡新城疫Ⅱ系、Ⅲ系、Ⅳ系疫苗和及传染性喉气管炎弱毒型疫苗的接种。对幼雏应用这种方法，可以避免疫苗病毒被母源抗体中和，从而取得比较良好的免疫效果，而且能保证每只鸡普遍得到免疫，且剂量一致。操作时，可把1 000只份的疫苗稀释于50毫升生理盐水中，充分摇匀，在幼雏的眼结膜或鼻孔上滴1滴（约0.05毫升）。

（4）气雾免疫 气雾法是使压缩空气通过气雾发生器，使稀释的疫苗液形成直径为1 ～ 10微米的雾化粒子，均匀地悬浮于空气中，随呼吸而进入禽体内，见图8–6。该方法适用于接种新城疫Ⅰ系、Ⅱ系、Ⅲ系、Ⅳ系疫苗和传染性支气管炎弱毒疫苗等。气雾免疫接种时，所用疫苗应是高价、倍量的。稀释疫苗应该用去离子水或蒸馏水，最好加0.1%的脱脂奶粉或明胶。喷雾时房舍要密闭，要遮蔽直射阳光，保持一定的温度、湿度，最好在夜间群体密集时进行，20分钟左右后打开门窗。气雾免疫接种会加重支原体及大肠杆菌引起的气囊炎，必要时于气雾免疫接种前后在饲料中加入抗菌药物。

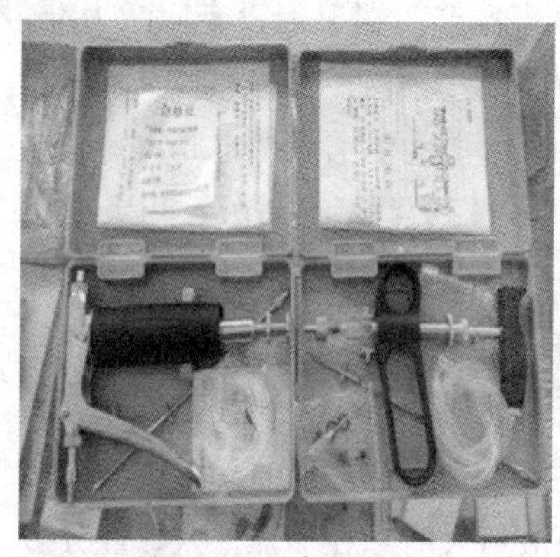

图8–5 连续式注射器

图8–6 气雾给药

第二节 鸭的疾病防治

176. 常见的鸭场免疫程序有哪些?

各鸭场的免疫程序不尽相同，要根据实际情况灵活调整，以下程序仅供参考，见表8-1至表8-3。

表8-1 种鸭免疫程序

日龄	免疫疫苗	剂量	免疫方法
1日龄	鸭病毒性肝炎活疫苗	0.5毫升	颈部皮下注射
7日龄	鸭传染性浆膜炎灭活苗	0.5毫升	皮下或肌内注射
14日龄	H5型禽流感灭活苗	0.5毫升	皮下或胸部肌内注射
21日龄	鸭传染性浆膜炎灭活苗或鸭传染性浆膜炎、大肠杆菌二联灭活苗	0.5毫升	皮下或肌内注射
28日龄	鸭瘟活疫苗	1羽份	肌内注射
48日龄	H5型禽流感灭活苗	0.5毫升	胸部肌内注射
100日龄	大肠杆菌灭活苗	1毫升	肌内注射
	禽霍乱油乳剂灭活菌	1毫升	肌内注射
110日龄	鸭瘟活疫苗	1羽份	肌内注射
120日龄	鸭病毒性肝炎活疫苗	2羽份	肌内注射（保护期120天）
130日龄	H5禽流感灭活苗	0.8毫升	胸部肌内注射

注：以后每4个月免疫雏鸭病毒性肝炎疫苗一次，每4 ～ 6个月免疫H5型禽流感灭活苗一次，每6个月免疫鸭瘟一次

表8-2 蛋鸭免疫程序

日龄	免疫疫苗	剂量	免疫方法
1日龄	鸭病毒性肝炎活疫苗	0.5毫升	肌内注射
7日龄	鸭传染性浆膜炎灭活苗	0.5毫升	肌内注射
14日龄	H5型禽流感灭活苗	0.5毫升	颈部皮下或胸部肌内注射

（续）

日龄	免疫疫苗	剂量	免疫方法
21日龄	鸭传染性浆膜炎灭活苗	0.5毫升	肌内注射
28日龄	鸭瘟活疫苗	1头份	肌内注射
48日龄	H5型禽流感灭活苗	0.5毫升	胸部肌内注射
90日龄	大肠杆菌灭活苗	1毫升	肌内注射
100日龄	鸭瘟活疫苗	1头份	肌内注射
110日龄	大肠杆菌灭活苗	1毫升	肌内注射
	禽霍乱油乳剂灭活苗	1毫升	肌内注射
120日龄	H5型禽流感灭活苗	0.5毫升	胸部肌内注射
以后每4～6个月免疫H5型禽流感灭活苗一次，每6个月免疫鸭瘟一次			

表8-3　肉鸭免疫程序

日龄	免疫疫苗	剂量	免疫方法
1日龄	鸭病毒性肝炎活疫苗	0.5毫升	肌内注射
7日龄	鸭传染性浆膜炎活苗期	0.5毫升	肌内注射
14日龄	H5型禽流感灭活苗	0.5毫升	颈部皮下或胸部肌内注射
20日龄	鸭瘟活疫苗	0.5毫升	皮下注射

有疫情但外观无病的雏鸭，每鸭皮下注射病毒性肝炎抗血清0.7～1毫升，病鸭注射病毒性肝炎抗血清1～1.5毫升。雏鸭病毒性卵黄抗体用法同上，但剂量需加倍

177. 怎样判定健康鸭和患病鸭？

（1）听　即听鸭的叫声是否正常，声音可以一定程度上反映出鸭的健康状况。健康鸭叫声洪亮平缓，患病鸭短促无力。若叫声嘶哑，临床上见于亚急性病晚期的病例，如鸭的禽流感、慢性鸭瘟、慢性副伤寒和鸭结核病等，也见于某些寄生虫病，如寄生在鸭气管内的舟形嗜气管吸虫。

（2）闻　若鸭舍有鸭患病，鸭舍的气味会与平时有所改变，若感觉鸭舍气味除了鸭粪和氨气味道还有其他异味，则可以仔细检查

外观，看是否患病并及时进行处理。

（3）看　主要从鸭的外观、行动和粪便来判断鸭是否患病。首先，观察鸭的活力。病鸭则呼吸困难，表现为张口伸颈或使劲摇头，有时可伴有蛙鸣声。病鸭一般比较畏冷，不愿意活动和下水，即使下水也不会嬉闹，大都畏缩在一边，反应迟钝，没有活力，手握两边翅根抓起来时病鸭不挣扎或挣扎无力，脚一般下垂无力，不会往上收起。而健康鸭比较有活力，动作平稳有力，对声音、驱赶等的刺激反应灵敏，喜欢在水中嬉戏，手握两边翅根抓起来时健康鸭挣扎有力，脚用力划动或身体使劲收起。其次，可以根据鸭各个部位的外观进行判断。健康鸭羽毛紧凑，富有光泽，尾翅翘立，不会被水沾湿，皮肤颜色正常，有光泽，紧致；病鸭羽毛无光，蓬松散乱，容易被水沾湿，时有脱落现象。

178. 怎样诊断和防治鸭瘟?

（1）流行病学特点　鸭瘟又名鸭病毒性肠炎，是鸭、鹅和其他雁形目禽类的一种急性、热性、败血性传染病。病原为鸭瘟病毒，该病毒对外界抵抗力不强，温热和一般消毒剂能很快将其杀死。夏季在阳光直射下，9小时后病毒毒力消失；56℃下10分钟即被杀死；对乙醚和氯仿敏感，5%生石灰作用30分钟亦可灭活。在污染的禽舍内（4 ～ 20℃）可存活5天。对低温抵抗力较强，在−5 ～ 7℃经3个月毒力仍不减弱，在−10 ～ 20℃经1年仍有致病力。鸭瘟的传染源主要是病鸭和带毒鸭，其次是其他带毒的水禽、飞鸟之类。消化道传播是主要传染途径，交配以及通过呼吸道也可以传染，某些吸血昆虫也可能是传播媒介。本病一年四季均可流行。但以春夏之交和秋季流行最为严重。本病对不同年龄、性别和品种的鸭都有易感性。

（2）临床表现　潜伏期2 ～ 5天。自然感染则多见于大鸭，尤其是产蛋的母鸭。当鸭瘟传入易感鸭群后，一般3 ～ 7天开始出现零星病鸭，再经3 ～ 5天陆续出现大批病鸭。鸭群整个流行过程一般为2～6周。病初体温升高达43℃以上，高热稽留。病鸭表现精神委顿，头颈缩起，羽毛松乱，翅膀下垂，两脚麻痹无力，伏坐地上不愿移动，强行驱赶时常以双翅扑地行走，走几步即行倒地。病鸭不愿下水，驱赶入水后也很快挣扎回岸。病鸭食欲明显下降，甚至停食，渴欲增加。

（3）病理变化 流泪和眼睑水肿。病初流出浆液性分泌物，使眼睑周围羽毛沾湿，而后变成黏稠或脓样，常造成眼睑粘连、水肿甚至外翻，眼结膜充血或小点出血，甚至形成小溃疡。病鸭鼻中流出稀薄或黏稠的分泌物，呼吸困难，并发生鼻塞音，叫声嘶哑，部分鸭见有咳嗽。病鸭发生泻痢，排出绿色或灰白色稀粪，肛门周围的羽毛被沾污或结块。肛门肿胀，严重者外翻，翻开肛门可见泄殖腔充血、水肿、有出血点，严重病鸭的黏膜表面覆盖一层假膜，不易剥离。部分病鸭在疾病明显时期，可见头和颈部发生不同程度的肿胀，触之有波动感，俗称“大头瘟”。最典型的剖检变化包括：食道黏膜有纵行固膜条斑和小出血点，肠黏膜出血、充血，以十二指肠和直肠最为严重；泄殖腔黏膜坏死，结痂；产蛋鸭卵泡增大、发生充血和出血；肝不肿大，但有小出血点和坏死；胆囊肿大，充满浓稠墨绿色胆汁；有些病例脾有坏死点，肾肿大、有小出血点；胸腔、腹腔的黏膜均有黄色胶样浸润液。

（4）诊断 根据临床症状和病理变化进行综合分析，一般即可做出诊断。必要时进行病毒分离鉴定和中和试验加以确诊。Dot-ELISA可作为快速诊断方法。在鉴别诊断上，主要注意与鸭巴氏杆菌病（鸭出血性败血症）相区别。鸭出血性败血症一般发病急，病程短，能使鸡、鸭、鹅等多种家禽发病，而鸭瘟自然感染时仅仅造成鸭、鹅发病。鸭出血性败血症不会造成头颈肿胀，食道和泄殖腔黏膜上也不形成假膜，肝脏上的坏死点仅针尖大小，且大小一致。取病死鸭的心脏、血或肝组织做抹片，经瑞氏染色镜检，可见两极着色的小杆菌。磺胺类药物或抗生素对鸭出血性败血症有较好疗效；而鸭瘟为病毒性疾病，抗生素效果不大。

（5）防治方法　尚无特效药物可用于治疗，故应以防为主。除做好生物安全性措施外，采用鸭瘟弱毒活疫苗进行免疫接种能有效地预防本病的发生。严禁从疫区引进种鸭和鸭苗。从外地购进的种鸭，应隔离饲养15天以上，并经严格检疫后，才能合群饲养。病鸭和康复后的鸭所产的鸭蛋不得留作种蛋。对蛋鸭，可在20日龄进行鸭瘟疫苗首免，剂量为半倍量，2个月龄以后加强免疫1次；产蛋前再进行第3次免疫。对肉鸭，可在1～7日龄时用鸭瘟疫苗半倍量皮下注射免疫1次，其免疫力可延续至上市。对种鸭，每年春、秋两季各进行1次免疫接种，每只肌内注射1毫升鸭瘟弱毒疫苗或0.5毫升鸭瘟高免血清鸭毒抗体。要坚持一支针头只注射一只鸭，以免注射时交互传染。凡是已经出现明显症状的病鸭，不再注射疫苗，应立即淘汰并无害化处理。

鸭群发病时，对健康鸭群或疑似感染鸭，应立即采取鸭瘟疫苗3～4倍量进行紧急接种；对病鸭，每只肌内注射鸭瘟高免血清鸭毒抗体0.5毫升或聚肌胞0.5～1毫升，每3天注射1次，连用2～3次，进行早期治疗；也可用盐酸吗啉胍可溶性粉或恩诺沙星可溶性粉，按有效药物浓度2克/升拌水混饮，每天1～2次，连用3～5天，但不应用于产蛋鸭，肉用鸭售前应停药8天。

179. 怎样诊断和防治鸭传染性浆膜炎？

（1）流行病学特点　鸭传染性浆膜炎是由鸭疫里氏杆菌引起的一种慢性或急性败血性传染病。该菌有荚膜，对各种碱性消毒剂较敏感，所以在确诊暴发此病后应选用有皂化作用的碱性消毒剂进行全场消毒。各种血清型间无交叉免疫保护性，因此免疫效果并不强。该病主要感染鸭，火鸡、鸡、鹅及某些野禽也可感染。在自然情况下，2～8周龄雏鸭易感，其中以2～3周龄鸭最易感。1周龄内和8周龄以上不易感染发病。在污染鸭群中，感染率很高，可达90%以上，死亡率在5%～80%。育雏舍鸭群密度过大，空气不流通，地面潮湿，卫生条件不好，饲料中蛋白质水平过低，维生素和微量元素缺乏以及其他应激因素均可促使该病的发生和流行。该病主要经呼吸道或皮肤伤口感染，也可经种蛋孵化垂直传播。该病无明显季节性，一年四季均可发生，冬春季节较为多发。

（2）临床表现 潜伏期为1～3天，可达1周。最急性病例常无任何症状突然死亡。急性病例病程一般为1～2天，表现精神沉郁，食欲减退或不思饮食，嗜眠、缩颈、嘴拱地，腿软，行动迟缓，不愿走动，共济失调。眼部有浆液性或黏液性分泌物，两眼周围羽毛常粘连脱落。鼻孔有分泌物。粪便稀薄，绿色或黄绿色，部分雏鸭腹胀。痉挛、摇头、角弓反张，抽搐而死。4～7周龄雏鸭病程可长达1周以上，呈急性或慢性经过，主要表现精神沉郁，食欲减少，肢软卧地，不愿走动，呈犬坐姿势，进而出现共济失调，前仰后翻，呈仰卧姿态，痉挛点头或摇头摆尾，或头颈歪斜，转圈，后退行走，病鸭逐渐消瘦，呼吸困难，最后衰竭而亡。

（3）病理变化 特征性病理变化是浆膜面上有纤维素性炎性渗出物，以心包膜、肝被膜和气囊壁的炎症为主。心包膜被覆着淡黄色或干酪样纤维素性渗出物，心包囊内充满黄色絮状物和淡黄色渗出液。肝脏表面覆盖一层灰白色或灰黄色纤维素性膜。气囊混浊增厚，气囊壁上附有纤维素性渗出物。脾肿大或肿大不明显，表面附有纤维素性薄膜，有的病例脾明显肿大，呈红灰色斑驳状。脑膜及脑实质血管扩张、瘀血。慢性病例常见胫跖关节及跗关节肿胀，切开见关节液增多，少数输卵管内有干酪样渗出物。

（4）诊断 根据流行病学特点、临床病理特征可以对该病做出初步诊断，确诊时还必须进行实验室诊断。

（5）防治方法 加强饲养管理，注意鸭舍的通风、环境干燥、清洁卫生，经常消毒，采用全进全出的饲养制度，可有效预防该病发生。用于预防接种该病的疫苗，目前主要有灭活油乳剂苗和弱毒活苗两种可供选用。

氟苯尼考和磺胺类药物对此病有一定的治疗效果。

180. 怎样诊断和防治鸭副伤寒?

（1）流行病学特点　禽副伤寒为各种家畜、家禽和人的共患病。病原是革兰氏阴性、不产生芽孢及荚膜的沙门氏菌。该菌对热及多种消毒剂敏感，在自然条件下很易生存和繁殖，在垫料、饲料中副伤寒沙门氏菌可生存数月、数年。大多数种类的温血和冷血动物都可发生副伤寒感染。病死率10%～20%不等，严重者高达80%以上。1月龄以上的家禽有较强的抵抗力，一般不引起死亡。成年禽往往不表现临床症状。感染病菌的鸭粪便是最常见的病菌来源。

（2）临床表现　幼禽经带菌卵感染或出壳雏禽在孵化器感染病菌，常呈败血症经过，往往不显任何症状迅速死亡。年龄较大的幼禽则常取亚急性经过。各种幼禽副伤寒的症状大致相似，主要表现如下：羽毛松乱，两翼下垂，垂头闭眼，嗜睡呆立，食欲废绝，饮水增加，水样腹泻，肛门粘有粪便，怕冷而靠近热源处或相互拥挤。呼吸症状不常见到。雏鸭感染该病常见颤抖、喘息及眼睑浮肿等症状。常猝然倒地而死，故有“猝倒病”之称。

成年禽在自然情况下，一般为慢性带菌者，常不出现症状。病菌存在于内脏器官和肠道中。急性病例罕见，有时可出现水样腹泻、精神沉郁、倦怠、两翅下垂、羽毛松乱等症状。

（3）病理变化　最急性死亡的病雏，完全不见病变。肝脏呈青铜色，并有灰色坏死灶。气囊呈现轻微混浊，具有黄色纤维蛋白样斑点。北京鸭感染鼠伤寒沙门氏菌和肠炎沙门氏菌时，见肝脏显著肿大，有时有坏死灶。盲肠内形成干酪样物，直肠肿大并有出血斑点。还有心包炎、心外膜炎及心肌炎。在产蛋鸭中，可见到输卵管的坏死和增生、卵巢的坏死及化脓，这种病变常扩展为全面腹膜炎。慢性感染的成年鸭，特别是肠道带菌者常无明显的病变。

（4）诊断　按照症状、病理变化，并根据该鸭群过去发病历史，可以做出初步诊断。确诊决定于病原的分离和鉴定。幼禽急性病例，必须直接自肝、脾、心血、肺、十二指肠和盲肠或其他组织器官分离病菌。

（5）防治方法 该病防治重在严格实施一般性的卫生消毒和隔离检疫措施。

药物治疗可以降低禽副伤寒的病死率，并可控制该病的发展和扩散。治疗可用环丙沙星、阿莫西林、黄芪多糖、白头翁散饮水或拌料饲喂。但治愈后家禽可成为长期带菌者，因此治愈的幼禽不能留作种用。

181. 怎样诊断和防治鸭病毒性肝炎？

（1）流行病学特点 鸭病毒性肝炎是由鸭肝炎病毒引起的一种传播迅速和高度致死性传染病。主要特征为肝脏肿大，有出血斑点和神经症状。该病毒抵抗力强，在自然环境中可较长时间存活。该病毒三种血清型之间无交叉保护作用。本病主要发生于4～20日龄雏鸭，成年鸭有抵抗力，鸡和鹅不自然发病。病鸭和带毒鸭是主要传染源，主要经消化道和呼吸道感染。饲养管理不良，缺乏维生素和矿物质，鸭舍潮湿、拥挤，均可促使本病发生。本病发生于孵化雏鸭的季节，一旦发生，在雏鸭群中传播很快，发病率可达100%。

（2）临床表现 本病潜伏期1～4天，突然发病，病程短促。病初精神萎靡，不食，行动呆滞，缩颈，翅下垂，眼半闭呈昏迷状态，有的出现腹泻。不久，病鸭出现神经症状，不安，运动失调，身体倒向一侧，两脚发生痉挛，数小时后死亡。死前头向后弯，呈角弓反张姿势。本病的死亡率因年龄而有差异，1周龄以内的雏鸭可高达95%，1～3周龄的雏鸭不到50%；4～5周龄的幼鸭基本上不死亡。

（3）病理变化 特征性病变在肝脏：肝肿大，呈黄红色或花斑状，表面有出血点和出血斑。胆囊肿大，充满胆汁。脾脏有时肿大，外观也类似肝脏的花斑。多数肾脏充血、肿胀血管明显，呈暗紫色树枝状。心肌如煮熟状。有些病例有心包炎、气囊中有微黄色渗出液和纤维素絮片。显微镜下观察，肝细胞在感染初期呈空泡化，后期则出现病灶性坏死，中枢神经系统可能有血管套现象。

（4）诊断　目前，我国只发现鸭肝炎Ⅰ型，本病型多见于20日龄内的雏鸭群，发病急，传播快，病程短，出现典型的神经症状、肝脏严重出血等特征均有助于作出初步判断。近年来临床上在较大日龄鸭群或已作免疫接种的鸭群发病时，病例常缺乏典型的病理变化，仅见肝脏肿大、瘀血，表面有末梢毛细血管扩张破裂而无严重的斑点状出血，易造成误诊漏诊，必须经病原分离与鉴定确诊。临床上诊断要注意该病与鸭瘟、鸭霍乱、鸭传染性浆膜炎、雏鸭副伤寒和曲霉菌病相区别。

①与鸭瘟的区别：鸭病毒性肝炎对1～2周龄易感雏鸭有极高的发病率和致死率，超过3周龄雏鸭不发病；而鸭瘟虽然各种日龄的鸭均可感染发病，但3周龄以内的雏鸭较少发生死亡。这在流行病学上是重要的鉴别点。患鸭瘟的病鸭食管、泄殖腔和眼睑黏膜呈出血性溃疡和假膜为主要特征性的病变，与鸭病毒性肝炎完全不同。必要时，用鸭胚做病毒分离检验。

②与鸭霍乱的区别：鸭霍乱的特征性病变为肝脏肿大，有灰白色针尖大的坏死灶，心冠沟脂肪组织有出血斑，心包积液，十二指肠黏膜严重出血。鸭霍乱在各种年龄的鸭均能发生，常呈败血症经过，缺乏神经症状。青年鸭、成年鸭比雏鸭更易感，尤其是3周龄以内的雏鸭很少发生，这在流行病学上是重要的鉴别内容。

③与鸭传染性浆膜炎的区别：鸭传染性浆膜炎多发生在2～3周龄的雏鸭，病鸭昏睡、眼、鼻分泌物增多，绿色下痢，运动失调，主要病变是纤维素性心包炎、纤维素性气囊炎和纤维素性肝周炎，脑血管扩张充血，脾肿胀呈斑驳状。不感染鸡和鹅。

④与雏鸭副伤寒的区别：雏鸭副伤寒常见于2周龄以内的雏鸭。主要特征是严重下痢，眼有浆液脓性结膜炎，分泌物较多。肝脏边缘变硬。

⑤与曲霉菌病的区别：曲霉菌病多发生于1～15日龄的雏鸭。主要症状为呼吸困难，张口呼吸。剖检时见肺和气囊上有白色或淡

黄色干酪性病灶。检查饲料可发现饲料霉败变质，或垫料严重霉变。

（5）防治方法 加强饲养管理、改善鸭饲养环境卫生、供给营养均衡饲粮等措施均有利于防治本病发生。在收集种蛋前2～4周给种鸭肌内注射鸡胚弱毒疫苗，可以保护所产种蛋孵化的雏鸭，具体方法是给母鸭间隔2周胸肌注射2次疫苗，每次1毫升。雏鸭也可用肌内注射、蹼皮内刺种或气溶胶喷雾等方法接种，均能有效地预防本病。

一旦确诊可注射鸭病毒性肝炎卵黄抗体。对雏鸭严格隔离饲养，尤其是5周龄以内的雏鸭，应供给适量的维生素和矿物质，严禁饮用野生水禽栖息的露天水池的水。孵化、育雏、育成、育肥均应严格划分，饲管用具要定期清洗、消毒。流行初期或孵坊被污染后出壳的雏鸭，立即注射高免血清（或卵黄抗体）或康复鸭的血清，每只0.3～0.5毫升，可以预防感染或减少病死。

182. 怎样诊断和防治鸭霍乱？

（1）流行病学特点 鸭霍乱，又称为鸭出血性败血症，是由多杀性巴氏杆菌引起的接触性传染病。禽多杀性巴氏杆菌是一种革兰氏阴性、不运动、有荚膜、不形成芽孢的短杆菌。各种日龄、各种品种的鸭均易感染本病，产蛋鸭最为易感。主要通过消化道和呼吸道传染。强毒力菌株感染后多呈败血性经过，急性发病，病死率高，可达30%～40%；较弱毒力的菌株感染后病程较慢，死亡率亦不高，常呈散发性。断水断料、突然改变饲料、天气的突变、饲养密度过大等环境应激因素都可使鸭霍乱的易感性提高。

（2）临床表现 急性型为表现体温升高，食欲减少，口、鼻分泌物增多而引起呼吸困难、摇头企图甩出喉头黏液，腹泻。慢性型常表现为慢性关节炎、肺炎、气囊炎等，此病例临床少见。

（3）病理变化 急性病例明显的剖检病变为急性败血症，心冠脂肪上有出血点，肝、脾肿大，表面有针尖大的灰白色坏死点，肠道出血严重（以十二指肠最为严重）、肠内容物呈胶冻样，肠淋巴结集结环肿大、出血，有的腹部皮下脂肪出血，产蛋鸭卵泡出血、破裂。详见图8–7至图8–16。

（4）诊断 根据该病典型的临床症状和剖检病变，结合流行病学特点，一般可初步诊断。无菌采取病死鸭的肝脏或心血，接种于马丁琼脂平板或血液平板，分离到的细菌经瑞氏染色后，发现两极着染短杆菌（直接取感染组织触片染色，细菌形态更加典型），可对鸭霍乱做出初步诊断。之后对细菌做进一步的生化和血清学鉴定。

应注意与鸭球虫病、鸭瘟的区别。

①与鸭球虫病的区别：鸭球虫病也可见小肠的出血性变化，但心、肝几乎无病变。发生鸭霍乱的病鸭死亡之前常摇头，死亡时嘴、鼻流血水，嗉囊里充满饲料，手摸嗉囊感觉较硬。

②与鸭瘟的区别：鸭霍乱一般是零星发生，突然死亡，尤其是正在产蛋的母鸭较为多见，还能传染给鸡、猪等；而鸭瘟流行范围较广，但不能传染给鸡和猪，一般多在发病后5天左右死亡，死亡时眼睛充血，嗉囊空无食物，手摸嗉囊较松软。磺胺类药物或抗生素可治疗鸭霍乱，但对鸭瘟无效。翻开鸭肛门，出现充血、水肿或有黄绿色假膜者，则可判断是鸭瘟。发生鸭霍乱的病鸭或死鸭，肝脏表面有许多针头大小的灰白色坏死点；而鸭瘟则没有这些症状，但全身皮肤表面有许多出血斑点，头颈部出血更为严重。

（5）防治方法 清除多杀性巴氏杆菌的贮存宿主（病禽或康复而仍携带病菌的家禽）、改善卫生条件、减少应激，可以有效地预防鸭霍乱。在鸭霍乱流行地区，应当考虑免疫接种，可供选用的疫苗有禽霍乱荚膜亚单位疫苗、禽霍乱弱毒疫苗、禽霍乱灭活苗等，选用后两种疫苗时应考虑当地流行的禽多杀性巴氏杆菌的血清型型别。

磺胺类药物在鸭霍乱临床治疗有实际意义，但在出口商品肉鸭生产中禁止使用。在治疗时，可选用甲砜霉素散。

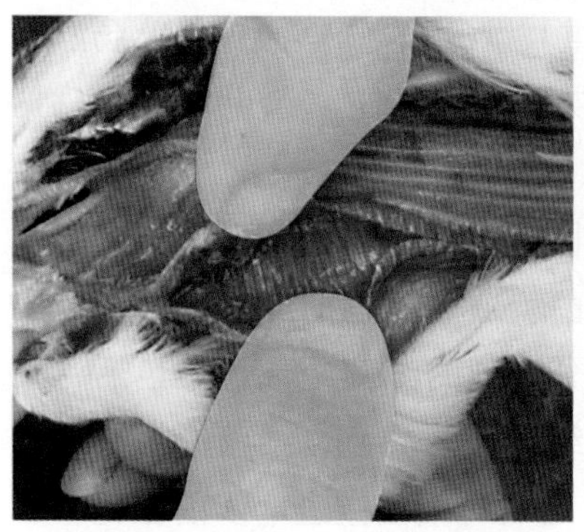

图8-7　禽霍乱——器官出血

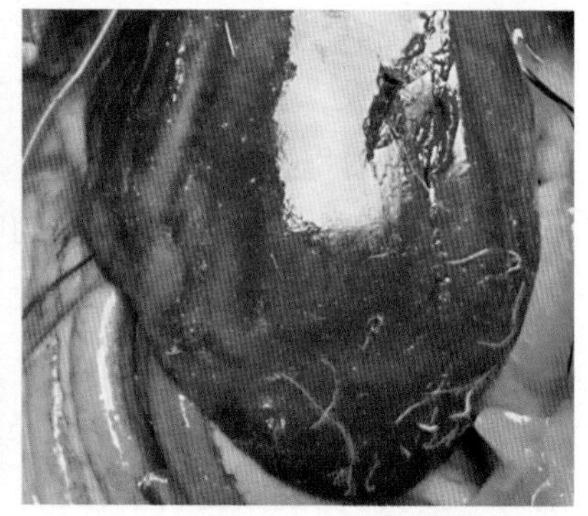

图8-8　禽霍乱——肝脏质地脆弱

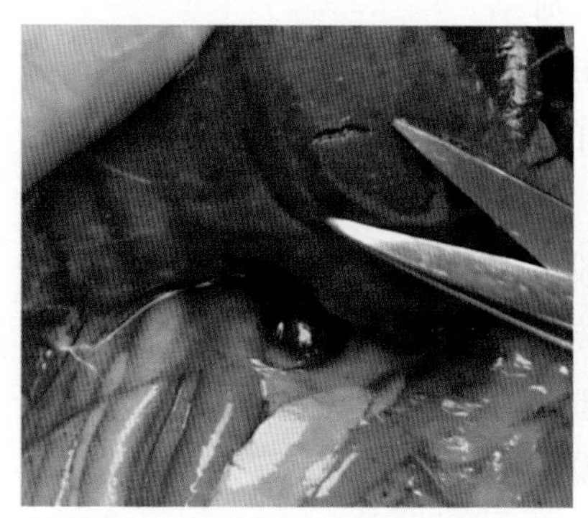

图8-9　禽霍乱——肠道炎症导致肠道壁变薄

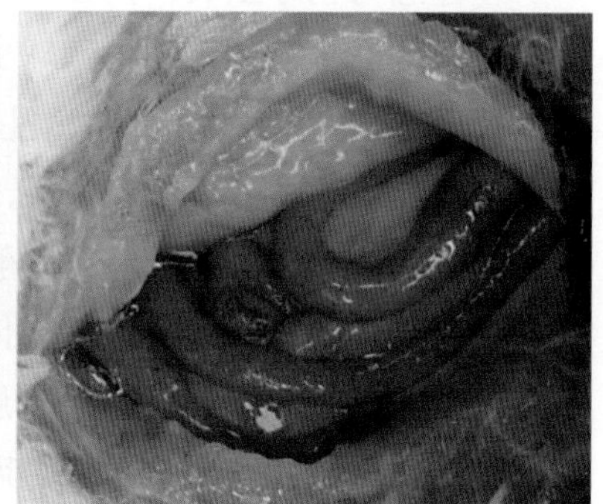

图8-10　禽霍乱——肝脏出现针尖样坏死点

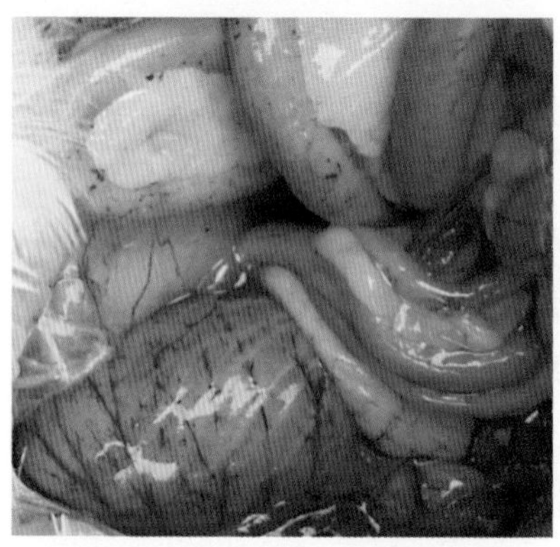

图8-11　禽霍乱——肠道浆膜出血

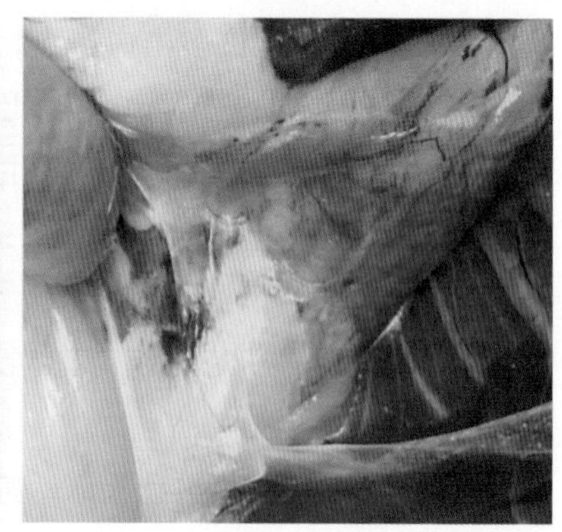

图8-12　禽霍乱——脂肪出血

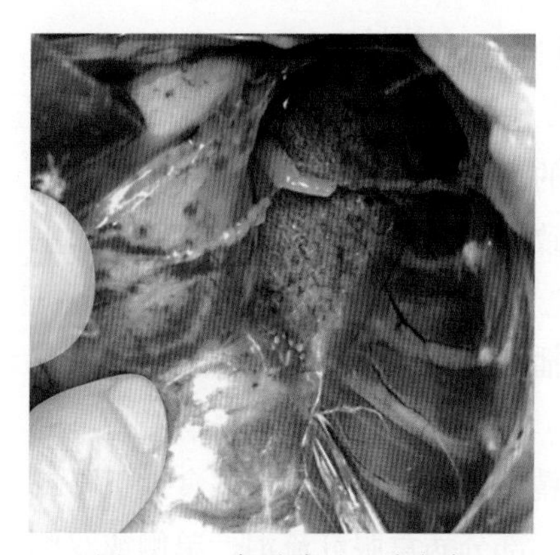

图8-13　禽霍乱——肺出血

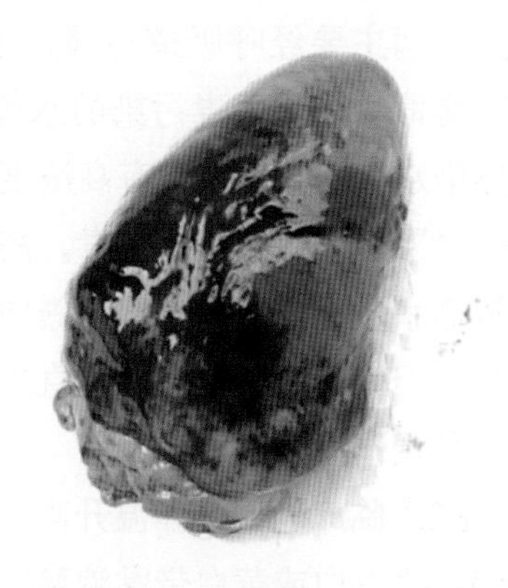

图8-14　禽霍乱——心脏和心冠脂肪出血

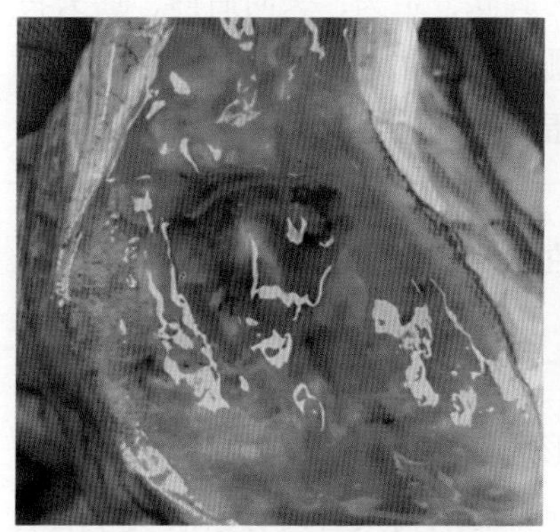

图8-15　禽霍乱——十二指肠出血、肠黏膜脱落

图8-16　禽霍乱——肌胃出血

183. 怎样诊断和防治禽流感?

（1）流行病学特点　禽类的病毒性流行性感冒是由A型流感病毒引起禽类的从呼吸系统病变到严重全身败血症等多种症状的传染病。禽流感容易在鸟类间流行，过去在民间称为“鸡瘟”，为甲类传染病，对家禽生产威胁极大。禽流感一般发生在冬、春季，病毒对低温抵抗力较强，对乙醚、氯仿、丙酮等有机溶剂均敏感，常用消毒剂容易将其灭活。

该病主要经呼吸道传播，通过密切接触感染的禽类及其分泌物、排泄物，受病毒污染的水等，以及直接接触病毒毒株被感染。在感染水禽的粪便中含有高浓度的病毒，并通过污染的水源由“粪便—口”途径传播流感病毒。高致病性禽流感在禽群之间的传播主要依靠水平传播，如空气、粪便、饲料和饮水等；垂直传播的证据很少，但尚不能完全排除垂直传播的可能性。所以，不能用污染鸭群的种蛋作为孵化用。

（2）临床表现 体温升高，精神委顿，不愿走动，食欲下降或废绝。排青白或黄白带黏液稀粪。部分病禽眼红流泪，单侧或双侧眼角膜呈灰白色雾状混浊，俗称“眼生膜”。严重者眼睛失明。部分病禽出现多种神经症状，表现为脚软、歪头、头向后仰、摇头转颈、头颈或全身震颤，有时伸颈贴地，翻身打滚。部分病禽咳嗽，有呼吸啰音，呼吸困难。种禽产蛋下降，甚至停止下蛋。症状可单独出现，也可同时出现。

（3）病理变化 发病早期急性死亡的严重病禽，全身浆膜、黏膜、脂肪及实质脏器广泛出血。肝、脾、肾肿大，肺瘀血水肿。心肌出现淡黄白色条纹状坏死灶，此变化为禽流感所特有。胰腺充血或出血，有大小不等坏死灶，形成红褐色和灰白色相间的大理石状花纹，此变化在其他病较少见。部分病禽气管内有黏液或纤维素性渗出物，气囊膜混浊增厚。出现卡他性肠炎或卵黄性腹膜炎。病程较长的死禽尸体消瘦。部分可见心包腔和腹腔积水，心脏扩大，心肌菲薄柔软。

单纯型禽流感仅有上呼吸道卡他性炎症变化，黏膜可见充血、水肿及淋巴细胞浸润。纤维上皮细胞变性、坏死、脱落。肺炎型禽流感的肺脏出现暗红样水肿。气管、支气管内有血性分泌物、黏膜充血，其纤毛上皮细胞坏死脱落，黏膜下层灶性出血、水肿和白细胞浸润，肺泡中有纤维蛋白渗出液。肺中叶肺泡有出血，肺泡内可有透明膜，肺组织易分离出流感病毒。严重并发症的主要病理改变为肺实变。由于肺间质水肿、间质负压减小，增加小气道陷闭倾向，导致肺不张；肺泡膜表面活性物质减少，加之肺充血，使肺容量减小和肺顺应性下降，导致急性呼吸急迫综合征等严重并发症。

（4）诊断　根据该病典型的临床症状和剖检病变，结合流行病学特点，一般可初步诊断。

（5）防治方法　该病主要在于预防，依当地流行情况选择毒株做好免疫，搞好环境卫生，创造良好的生活环境，营养均衡，在饲养中尽量避免应激。

第三节　鹅的疾病防治

184. 常见的鹅场免疫程序有哪些？

免疫程序必须根据鹅疫病流行情况及其规律，鹅的用途（种用、蛋用或肉用）、日龄、母源抗体水平和饲养条件，以及疫苗的种类、性质、免疫途径等方面的因素制定。免疫程序不是一成不变的，应根据具体情况随时进行调整。免疫前后2天不宜使用抗生素，鹅群健康状态不佳时应待治疗恢复后再行免疫。免疫前后1～2天，饮水或饲料中应加入抗应激维生素或电解质类保健品等。表8-4、表8-5列出部分免疫程序，仅供参考。

表8-4　肉鹅免疫程序

日龄	免疫内容	剂量	免疫方法备注
1日龄	小鹅瘟雏鹅活苗	1羽份	皮下注射
7日龄	小鹅瘟雏鹅活苗	1羽份	皮下注射
14日龄	H5N2型禽流感灭活苗	0.5毫升	皮下注射

注：冻干苗冷冻保存，其他灭活苗2～4℃保存。

表8-5 种鹅免疫程序

日龄	免疫内容	免疫方法	备注
1日龄	小鹅瘟弱毒活疫苗	皮下注射	鹅在免疫100天内所产后代的雏鹅有母源抗体，不要用活苗免疫，因母源抗体能中和活苗，使活苗不能产生足够免疫力而免疫失败
7日龄	小鹅瘟抗血清	皮下注射	易感雏鹅可在1～7日龄时用同源抗血清，每雏鹅皮下注射0.5毫升
14日龄	H5型禽流感灭活苗	肌内注射	0.5毫升
30日龄	禽霍乱油乳剂灭活苗	肌内注射	1毫升
45日龄	H5型禽流感灭活苗	肌内注射	0.5毫升
120日龄	禽霍乱油乳剂灭活苗	肌内注射	1毫升
130日龄	小鹅瘟活疫苗	肌内注射	在产蛋前可用4～5倍常规剂量进行一次免疫
140日龄	H5型禽流感灭活苗或鹅副黏病毒-禽流感二联灭活苗免疫	肌内注射	1毫升。以后每4～6个月用H5型禽流感灭活苗或鹅副黏病毒-禽流感二联灭活苗免疫，每4个月用小鹅瘟疫苗3羽份剂量免疫一次

185. 怎样判定健康鹅和患病鹅？

在鹅群的饲养管理过程中，每天必须做好观察记录，主要观察鹅群的精神、饮食、运动和休息等状态。如果鹅群精神状态差、采食量减少、运动与休息行为异常，则应进一步仔细检查。其次是检查鹅群的生长和生产情况，如果出现生长发育不良，生长停滞，产蛋率和产蛋量突然下降，则鹅群可能患病。最后要检查鹅群的死亡情况，一般大群饲养偶尔出现几只死亡是正常现象，如果死亡数量日渐增多，就要及时查找原因，对症治疗，以防疾病扩散，引起不必要的损失。

健康鹅精神活泼，羽毛（绒毛）丰满洁净、顺贴紧凑、具有光泽，尾羽翘立、不沾水，并常用水整理自身羽毛。嘴与脚部润滑丰满。两眼明亮有神，眼鼻干净。食欲旺盛，消化良好，泄殖腔收缩有力，周围清洁。粪便正常呈圆柱形，细而弯曲，外覆少量白色尿酸盐，并有少量黄棕色糊状粪。对外界各种刺激的反应十分敏捷，鸣叫声响亮、高昂短促，有时会发出声调低短的"哦！哦！"欢叫声，还会挺胸扑翼奔跑。喜下水，并在水中嬉闹。

初发病鹅和轻症鹅颈背上端的羽毛会微微蓬松，失去平常的顺贴感，喜欢卧伏，采食减少，常常遭到同群鹅的驱赶和啄咬，还常有摇头、流鼻液、眼黏膜潮红现象，双翅及腹部羽毛污秽；病情较重的还表现为精神不振，厌食，不愿走动，打瞌睡，脸发绀或苍白，全身羽毛松动，翅毛下垂，腹部和翅膀上的羽毛易被水沾污，常呆立或独居一隅，鼻孔周围十分干燥或明显流鼻液，眼部有结痂物，头部肉瘤、脚、嘴等部位均失去光泽，用手摸之有灼热感，呼吸困难并排稀粪；接近死亡的鹅则伏地不起，无力挣扎，头部肉瘤及脚部冰冷。

观察鹅群最好在每天早晨天刚亮、中午和深夜的时候进行，这时鹅群正处于休息状态，病鹅容易出现各种异常表现，比较容易发现与检查出初发病和轻症鹅。检查时要慢慢接近鹅群，注意发现各种异常表现；如果突然接近会使健康鹅、病鹅同时受惊、奔跑、鸣叫，很难发现病鹅，尤其是难以发现初发病和轻症病鹅。

检查鹅群健康时应从远到近慢慢地向前走近鹅群。要进行个体检查时，可用前端带有S形钩的捉鹅杆卡紧病鹅的颈部或脚，将其从鹅群中吊出进行详细检查，注意其羽毛，头部、肉瘤、脚的表面温度及挣扎等是否正常。

发现病鹅要及时隔离，精心喂养和观察，采取适当的治疗措施，防止疫病的蔓延与流行，使病鹅及早恢复健康。

186. 怎样诊断和防治鹅感冒？

（1）流行病学特点　鹅感冒又称鹅流感、鹅渗出性败血症或传染性气囊炎，是由败血志贺菌引起的败血性、渗出性传染病。该菌为革兰氏阴性菌，对幼鹅致病力较强，对鸡、鸭不致病。本菌抵抗力较弱，低于15℃则停止生长，高于75℃即可杀灭，适宜生长温度为37 ~ 38℃。常用消毒药物对其有杀灭作用。流行初期1月龄鹅易感，流行后期成鹅也感染。多发于冬春季节。该病经呼吸道和消化道感染，传播快，发病率和死亡率都很高，一般为50% ~ 90%。

（2）临床表现 病程2 ~ 4天，鼻腔和口腔流清水，时有眼泪，频繁摇头，或将头伸向体躯前部擦抹鼻液，全身羽毛湿润，脏乱。张口呼吸，发出“咕—咕”声，精神委顿，缩颈闭目，体温升高，食欲减退，全身发抖，蹲伏地上，下痢。轻者可恢复，重者多死亡。

（3）病理变化 鼻黏膜、眼结膜和瞬膜充血，出血，角膜灰白混浊，鼻腔充满血样黏液性分泌物；喉头、气管充血，出血；肺表面、气囊和气管黏膜附着纤维素性渗出物；心内、外膜出血，心肌出现灰白色坏死斑；脾表面有灰白色坏死灶；肝肿大、质脆；脾肿大突出，表面有糜烂状灰白色斑点；胰腺斑点状出血，有透明或白色灶样坏死；肠黏膜灶性斑状出血或出血性溃疡；卵巢卵泡充血，斑状坏死；头部肿大的病例可见头部及下颌皮下呈胶冻样水肿；皮下、肌肉出血。

（4）诊断 通过鹅的临床表现和剖检结果可做出诊断。

（5）防治方法 科学饲养管理，改善饲养管理条件，保持鹅舍干燥通风，同时对1月龄以内的雏鹅注意保暖。搞好环境卫生，切实做好消毒工作，先清洗，再选择有效的消毒剂（如2% ~ 5%氢氧化钠、0.1% ~ 0.2%过氧乙酸等）进行彻底消毒。在该病多发地区使用禽流感油乳剂灭活苗进行预防。7 ~ 10日龄颈部1/3处皮下注射多价禽流感灭活苗，15天后注射第二次。留种鹅在60天龄时进行二免，产蛋前15 ~ 20天进行三免，之后每隔2 ~ 3个月免疫一次，在鹅群停止产蛋时再免疫一次。

治疗可用禽流感卵黄抗体或多价超高免卵黄抗体，搭配干扰素、白细胞介素，发病早期效果较为理想，可以控制疫情的发展，减少死亡。同时选用合适的药物减少患鹅应激，控制细菌继发感染和防止并发症。治疗过程中病鹅要隔离进行治疗，加强带鹅消毒，以减少鹅群中流感病毒的浓度，及时清理死鹅，降低饲养密度。

187. 怎样诊断和防治小鹅瘟?

（1）流行病学特点 小鹅瘟是由小鹅瘟病毒引起的雏鹅急性败血性传染病。病鹅精神委顿，食欲废绝，有时出现神经症状，死亡率高。小鹅瘟发病呈暴发流行，发病突然，传播迅速，有较高的传染性和死亡率。该病全年均有发生，冬末春初多发，主要侵害3～20日龄的雏鹅。饲料中蛋白质含量过低、维生素和微量元素缺乏、并发病等均能诱发和加剧本病的发生和死亡。鹅舍湿度大、卫生环境差、鹅只日龄小、饲养管理水平低、育雏温度低的鹅群发病率较高。患病的鹅群，若有混合感染或继发感染，其发病率和死亡率明显高于本病的单一感染。

（2）临床表现 病鹅口吐黏液、采食量减少、下痢，个别出现转脖、抽搐。日龄较大者一般没有神经症状，病鹅下痢、采食量减少。

（3）病理变化 剖检可见肠道血管怒张，十二指肠的黏液增多，黏膜呈现橘黄色，小肠中后段膨大增粗，肠壁变薄，里面有容易剥离的凝固性栓塞。肝脏肿大，呈棕黄色，胆囊明显膨大，充满蓝绿色胆汁。胰腺颜色变暗，个别出现小白点。心肌颜色变淡，肾脏肿胀。法氏囊质地坚硬，内部有纤维素性渗出物。有神经症状的鹅，可见脑膜下血管充血。详见图8-17至图8-19。

（4）诊断 诊断时注意小鹅瘟与鹅副黏病毒病区别，本病1～3周龄的雏鹅易发，鹅副黏病毒病几乎所有日龄的鹅都可发生。

（5）防治方法 给产蛋母鹅肌内注射种鹅用小鹅瘟疫苗，分两次免疫，间隔半个月，这样孵出的小鹅具有母源抗体。如母鹅没有进行防疫，雏鹅出壳即颈部皮下注射小鹅瘟弱毒疫苗，半个月后再注射一次，一般即可控制本病的发生。加强消毒，全场定期（建议每3天一次）消毒，对场地、垫草、料槽等用消毒剂进行喷雾消毒。病死鹅加入消毒粉（如三氯异氰尿酸钠和生石灰等）深埋处理。特别注意引种鹅的健康，防止带回疫病，已引进的要隔离饲养观察。加强管理，增强鹅体的抗病力，注意鹅舍通风干燥，冬天注意防寒保暖。

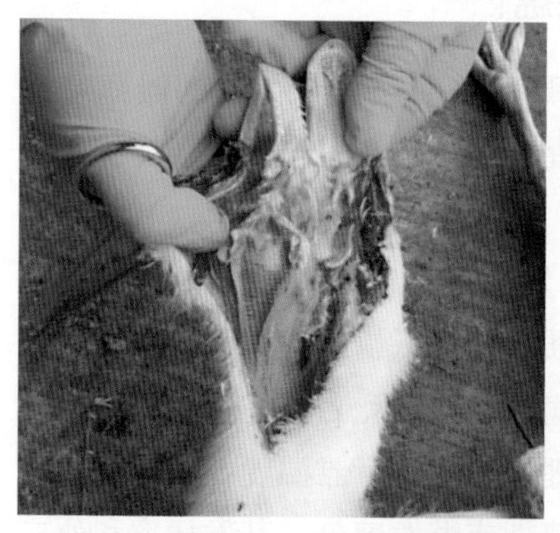

图8-17　小鹅瘟——咽喉充满黏液

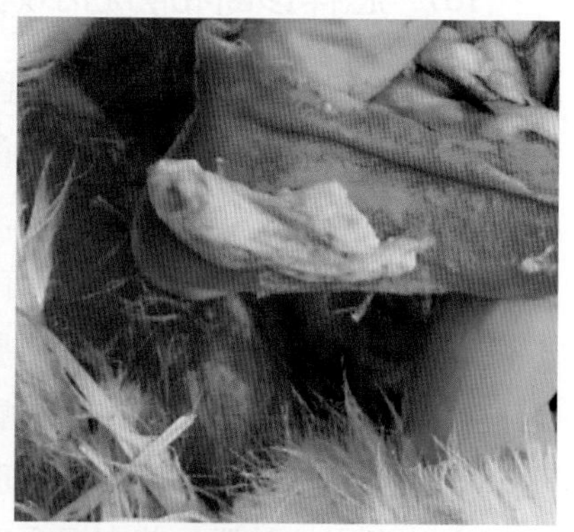

图8-18　小鹅瘟——小肠形成栓塞

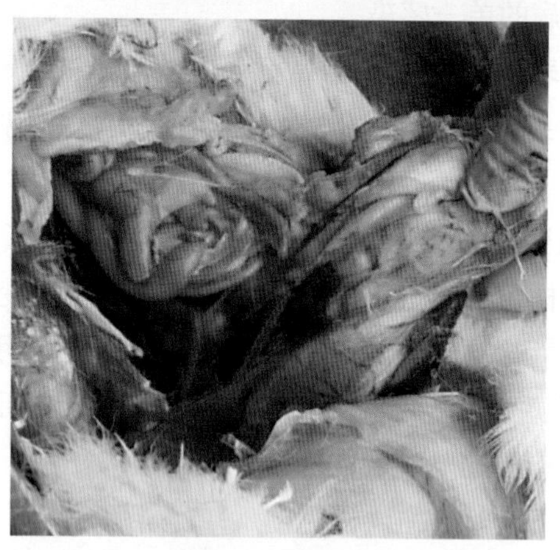

图8-19　小鹅瘟——胰腺出现坏死和出血

188. 怎样诊断和防治鹅副黏病毒病？

（1）流行病学特点　鹅副黏病毒病是鹅的一种以消化道病变为特征的急性传染病。各年龄段的鹅对鹅副黏病毒病都具有较强的易感性，日龄越小发病率、死亡率越高，10日龄以内的雏鹅发病率和死亡率可达100%，10～15日龄雏鹅发病率和死亡率达90%以上。随着日龄的增长，发病率和死亡率也下降。疫区内的鸡也可以感染发病死亡。病鹅和病愈后带毒者为传染源。通过消化道、呼吸道水平传播。本病无季节性，一年四季均可发生，常呈地方性流行。

（2）临床表现　鹅副黏病毒病的潜伏期为3～5天。病鹅精神委顿，缩头垂翅，食欲不振或拒食，饮水增加，行动缓慢，不愿下水，下水后随水漂流。病鹅排水样便或黄白色稀便，偶见血呈暗红色。成年病鹅常将头埋于翅下，严重者常见口腔流出水样液体，有仰头、扭颈、转圈等神经症状，特别是饮水后有咳嗽、甩头、呼吸困难等现象。成年鹅病程稍长，产蛋量下降，康复后生长发育和繁殖性能受阻。

（3）病理变化　病死鹅机体脱水，皮肤瘀血，皮下干燥，眼球下陷，脚蹼干燥；心肌变性；肝脏肿大，瘀血，有绿豆大小的坏死灶；下段食道黏膜有散在的灰白色绿豆大小的溃疡结痂，剥离后留有瘢痕及溃疡面；胰腺肿大，有灰白色坏死灶；腺胃和肌胃黏膜充血，有出血斑点；肠道黏膜有不同程度的出血，空肠和回肠黏膜上常有散在的淡黄色绿豆大小坏死性假膜，剥离后见溃疡面；盲肠扁桃体肿大，出血；偶见脑充血、瘀血。详见图8-20至图8-23。

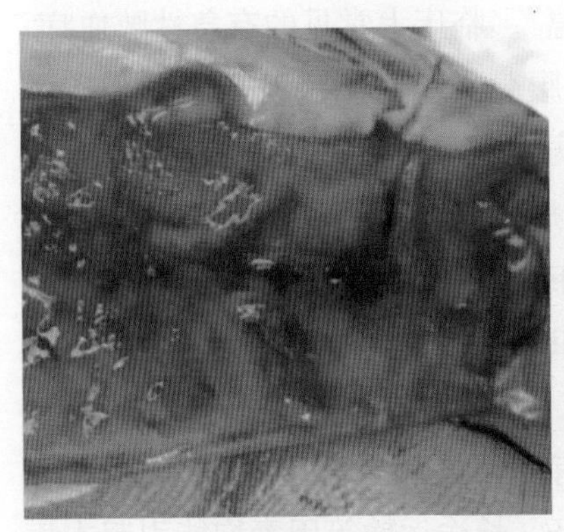

图8-20　鹅副黏病毒病——小肠出血、肠黏膜脱落

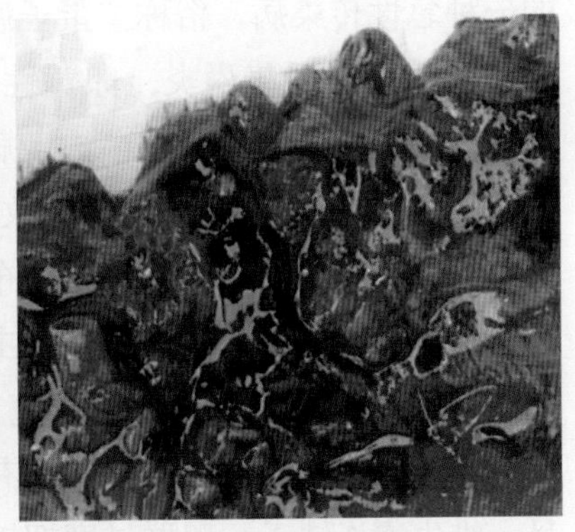

图8-21　鹅副黏病毒病——肺出血、瘀血

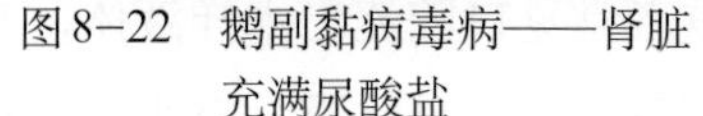

图8－22　鹅副黏病毒病——肾脏充满尿酸盐

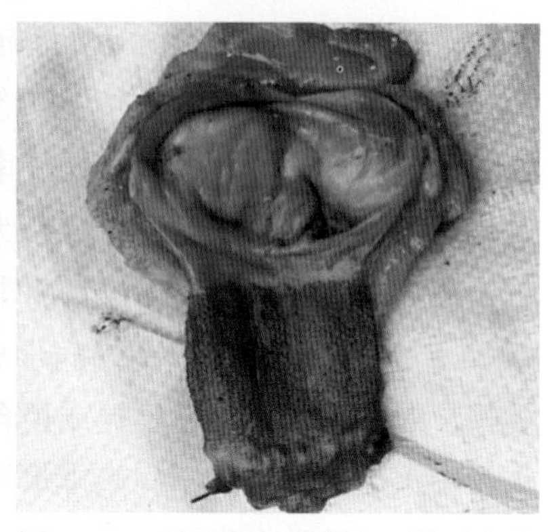

图8－23　鹅副黏病毒病——腺胃出血

（4）诊断　根据流行特点、临床症状和病理变化，可以做出初步诊断。确诊则需要进行病原诊断。

（5）控制方法　尚无特效药物治疗，以预防为主。制定切实可行的卫生、消毒制度，做好病鹅和健康鹅的隔离工作；不能把鹅与其他禽类混养；禁止从疫区引进种鹅和雏鹅；制订切合当地疾病流行情况的免疫计划，认真搞好免疫接种。

189. 怎样诊断和防治鹅大肠杆菌病?

（1）流行病学特点　鹅大肠杆菌病是由致病性大肠杆菌引起的一种急性传染病，俗称“蛋子瘟”。临床上常见的有急性败血症、心包炎、脐炎、气囊炎、卵黄性腹膜炎、胚胎病及全眼球炎等类型。而且本病常与其他细菌性疾病、病毒性疾病混合感染，带来极大的经济损失。本病病原体为致病性大肠杆菌，其血清型有很多种。大肠杆菌在自然界中广泛分布，也存在于健康鹅和其他禽类的肠道中，当气候突变、严重寄生虫感染、饲养管理不当等使机体抵抗力降低时，即可引起感染发病。

本病的发生与饲养管理水平有密切关系，气温骤变、青饲料不足、维生素A缺乏、鹅群过度拥挤、长途运输等因素均能引起本病的暴发和传播。本病主要经消化道感染，雏鹅发病常与种蛋污染有关。成年母鹅感染发病时，产蛋初期零星发生，产蛋高峰期发病最多，产蛋停止后本病也停止。流行期间常造成多数病鹅死亡。公鹅感染后，虽很少出现死亡，但可通过配种而传播本病。

（2）临床表现 急性败血型各种年龄均可发生，但以7～45日龄的鹅较易感。病鹅精神沉郁，羽毛松乱，畏冷，打堆，不断尖叫，体温比正常鹅升高1～2℃，出现发烧症状。粪便稀薄而带有恶臭，混有气泡、血丝或血块。食欲废绝，饮水增加，肛门周围沾满粪便，呼吸困难，最后衰竭窒息而死亡，死亡率较高。部分患病产蛋母鹅精神不振，食欲减退，不愿走动，喜卧，常在水面漂浮或离群独处，气喘，站立不稳，头向下弯曲，嘴触地，腹部膨大。排黄白色稀便，肛门周围沾有污秽发臭的粪便，粪便混有卵黄小块、蛋清或凝固的蛋白。病鹅眼球下陷，喙、蹼干燥，消瘦，呈现脱水症状，最后因衰竭而死亡。少数鹅能自然康复，但不能恢复产蛋。公鹅大肠杆菌性生殖器官病表现为阴茎红肿、溃疡或产生结节。病情严重者，阴茎表面布满绿豆大小的坏死灶，剥去痂块即露出溃疡灶，阴茎无法收回，丧失交配能力。

（3）病理变化 败血型病例主要表现为纤维素性心包炎、气囊炎、肝周炎。成年母鹅的特征性病变为卵黄性腹膜炎，腹腔内有少量淡黄色腥臭混浊的液体，常混有损坏的卵黄，肠系膜互相粘连，肠浆膜上有小出血点，各内脏表面覆盖有淡黄色凝固的纤维素渗出物。公鹅的病变主要在外生殖器，阴茎红肿，上有坏死灶或结痂。详见图8-24至图8-27。

（4）诊断 临床表现和病理变化结合可以做出诊断，必要时可以进行细菌分离。

（5）防治方法 由于致病性大肠杆菌的血清型很多，可使用多价大肠杆菌苗进行预防。母鹅产蛋前15天，每只肌内注射1毫升，15天后其所产的蛋才能留作种用。雏鹅可在7～10日龄接种，每只皮下注射0.5毫升。

保持鹅舍清洁卫生、通风良好、密度适宜，加强鹅只的饲养管理和消毒，有助于防治本病。公鹅在本病的传播上起着重要作用，因此，在种鹅繁殖季节前，种公鹅必须进行逐只检查，凡外生殖器上有病变的，一律淘汰，不能留作种用。

由于大肠杆菌的耐药性非常强，且各血清型之间没有交叉免疫作用，因此，应根据药敏试验结果，选用敏感药物进行治疗和预防。出现呼吸道症状时可选用酒石酸泰乐菌素，腹部感染则可选用氟苯尼考进行治疗。

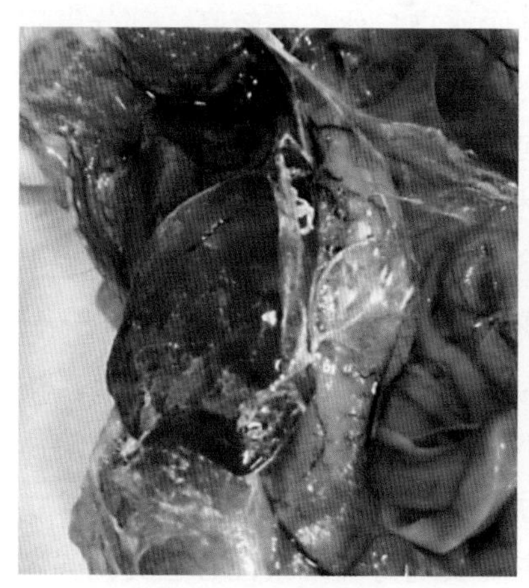

图8-24　大肠杆菌病——心肝覆盖纤维素性假膜

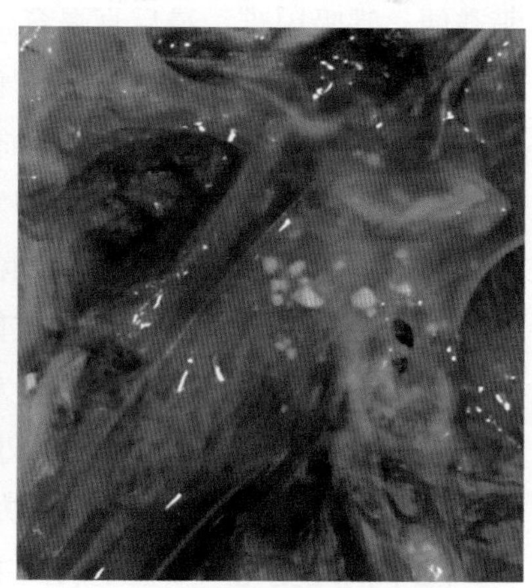

图8-25　大肠杆菌病——气囊出现干酪样炎症物

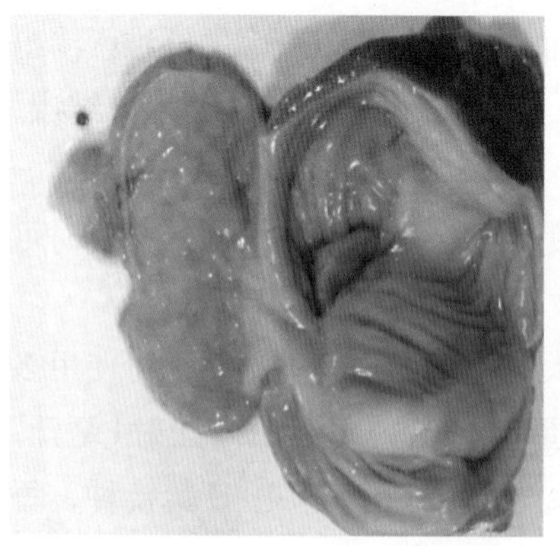

图8-26　大肠杆菌病——腺胃卡他性炎症

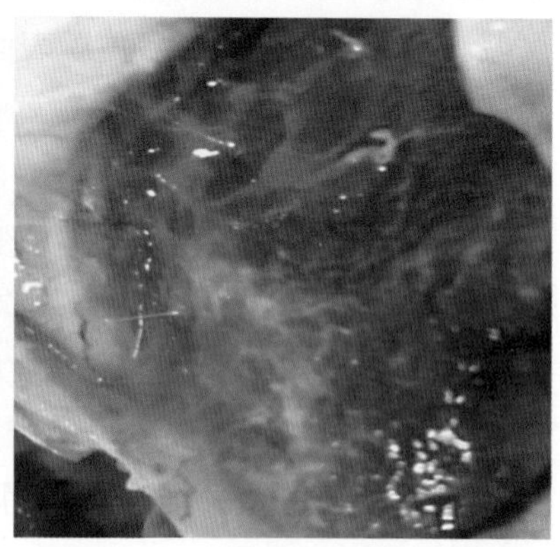

图8-27　大肠杆菌病——胶冻样炎性分泌物

190. 怎样诊断和防治鹅巴氏杆菌病?

（1）流行病学特点 鹅巴氏杆菌病是由多杀性巴氏杆菌引起的接触性感染病，常引起鹅的急性败血症及组织器官出血性炎症，常伴随严重的下痢，又称摇头瘟、禽霍乱、禽出血性败血症等。本病盛行于各地，无显著的季节性，一年四季都可能发病，季节变换或高温高湿的情况下容易暴发本病。本病发生后，同种间和不同种间都可相互传染。本病流传方式普遍，可经由未净化的器具、饮水、饲料等或呼吸道和损伤的皮肤黏膜等感染，是危害养鹅业的一种严重传染病。

（2）临床表现 发病早期，无明显症状，第一天还是正常，第二天即可发病死亡；有时病鹅忽然不安，倒地后仰，扑动双翅很快死亡。发病中期，病鹅无精神，离群打盹儿，不爱下水，食欲降低，饮水增加，体温41.5 ~ 43℃ ；张口呼吸，口鼻中可流出黄色或灰绿色黏液；排淡绿色或灰白色恶臭稀粪。发病前期，病鹅连续性出血下痢，瘦削，有些病鹅出现跛行，腿有肿胀，切开肿胀部位有豆腐渣样渗出物。

（3）病理变化 早期急性病例，眼结膜充血、发绀，浆膜小点出血，心外膜和心冠脂肪有出血点，肝脏外表面有很纤细的黄白色坏死灶。中期，眼结膜发绀，心外膜及心冠脂肪有出血黑点，心包液增多，为淡黄色通明状液体；肝脏肿胀，质脆，有针尖状出血点和灰白色坏死灶；肠管黏膜充血出血，有的出现卡他性炎症；肺气肿、出血；呼吸道黏膜严重充血、出血；肾出血性病变。前期病鹅肿胀，囊壁增厚，腔内有暗白色混浊的黏稠状液体，有的有干酪样物质，肝脏有大量针尖状灰白色坏死灶。详见图8−28至图8−30。

（4）诊断 通过临床症状结合实验室诊断可以进行准确诊断。肝出现针尖样坏死点是一个重要表征，但近年来常有无明显表征的霍乱发生。

（5）防治方法 加强饲养管理有助于禽霍乱的防控。禽霍乱的产生多因该病原是体内前提致病菌，当碰到饲养条件欠佳、天气突变应激时，便可激发本病。一旦病发，应尽早隔离医治，全场消毒，并应全群进行预防性投药。在本病严重地域，应加强环境卫生，保持鹅舍通风干燥。避免混养，严禁在鹅场四周宰杀病禽。保持按期检疫，早发现早治疗，降低损失。应用禽霍乱氢氧化铝甲醛疫苗，2月龄以上鹅，每次肌内注射2毫升/只，两次免疫距离8～10天，免疫效果较好；应用禽霍乱弱毒疫苗，肌内注射1毫升（约含10亿活菌）/只，免疫期可达半年。有条件的鹅场，可从本地病发鹅分离菌株，制成氢氧化铝自家灭活菌苗。应

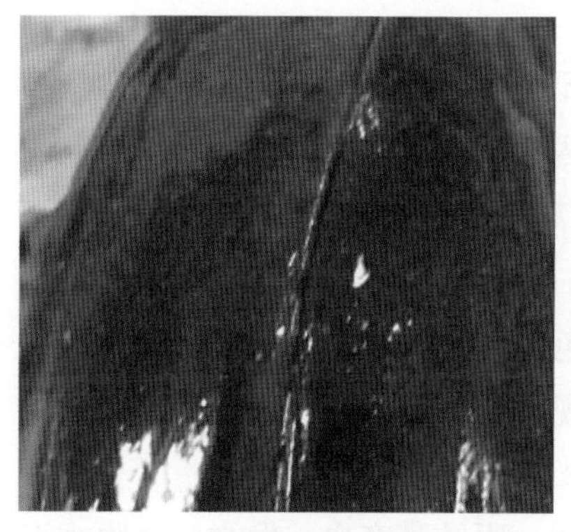

图8–28　鹅巴氏杆菌病——肝脏出现针尖状坏死点

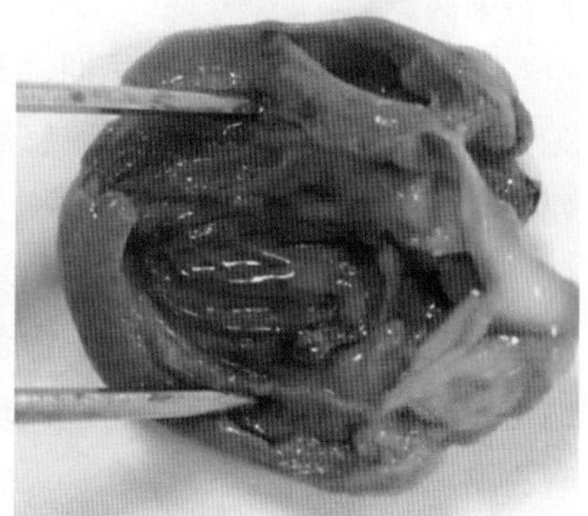

图8–29　鹅巴氏杆菌病——心肌出血

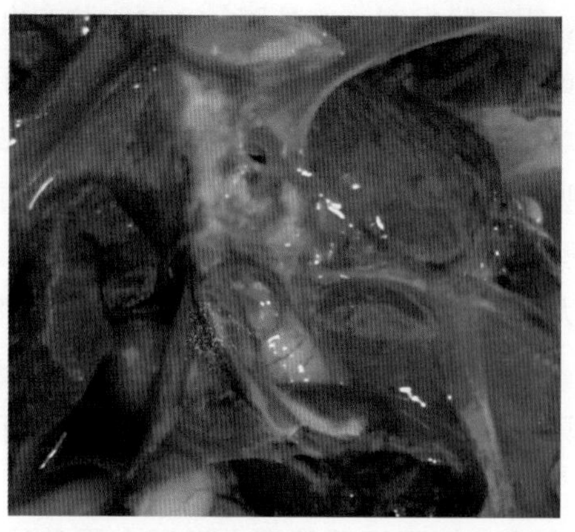

图8–30　鹅巴氏杆菌病——肺气肿、出血

用时，育成鹅和成鹅每只肌内注射2毫升，保护期3～4个月。治疗可选用青霉素、土霉素、丁胺卡那霉素、磺胺噻唑治疗。丁胺卡那霉素肌内注射，用量每千克体重20毫克，每日2次，5日为一疗程；磺胺噻唑粉剂用量每千克体重0.3克，首次加倍，每日3次，内服时配等量的碳酸氢钠。

191. 怎样诊断和防治鹅呼肠孤病毒病?

(1)流行病原学特点　该病由呼肠孤病毒感染引起。呼肠孤病毒是具有双链RNA基因组的一类病毒，可引起家禽多种疾病，包括呼吸道疾病、吸收不良综合征、病毒性关节炎、肠道疾病和矮小综合征。发病鹅日龄在3日龄以上不等。本病发病率10%～90%，病死率2%～80%，发病急，传播速度快，如果发现及时、治疗及时，死亡率可低于2%。禽呼肠孤病毒可以垂直传播，但传播率低，约1.7%。

(2)临床表现　由呼肠孤病毒引起的吸收不良综合征主要侵害4周龄以内雏鹅，病鹅羽毛发育不正常、生长参差不齐、色素沉着差、骨骼变形和死亡率增加。粪便是接触感染的主要来源。幼龄时感染，病毒在盲肠扁桃体和踝关节可持续长时间存活。病鹅羽毛蓬松、直立无光泽，精神不振、全身乏力、脚软，呼吸急促，个别口流黏液全身震颤卧地不起，最终衰竭死亡。病程一般2天左右。

(3)病理变化　急性感染时，有些鹅发育不良，可见跛行。慢性感染跛行更显著，有一小部分病鹅的踝关节不能活动。可能看不到关节炎/腱鞘炎的临诊症状，但屠宰时可见趾屈肌肌腱区域肿大。这样的鹅群增重慢，饲料转换率低，总死亡率高，屠宰废弃率高，属于不明显感染。常见与小鹅瘟类似的肠道栓塞（图8-31），但是栓塞较小鹅瘟形成的肠道栓塞要长，一般可以达到25厘米以上，常与小鹅瘟合并感染。吸收不良综合征的主要病变是腺胃增大，并可能有出血或坏死、卡他性肠炎。此外，还可能有关节炎和骨质疏松。发病鹅剖检，肝脏明显出血肿大，呈糊状，内有大量血粒，满腹腔血水不凝固，个别日龄较大的鹅只腹腔无血水，腺胃偶见出血，肠黏膜出现横向条纹裂痕。

（4）诊断　根据症状和病变可做出病毒性关节炎的初步诊断，呼肠孤病毒的群特异抗体可通过AGP、IF和ELISA等方法测定。

（5）防治方法　禽呼肠孤病毒对环境的抵抗力强，且具有既可垂直传播又可水平传播的特点，使得消除鹅群的感染非常困难。在将感染鹅群清理后，彻底清洗与消毒鹅舍有利于防止后续鹅群感染。用弱毒活疫苗或灭活疫苗免疫种鹅是防治本病的有效方法，既可通过母源抗体保护仔鹅，也可对垂直传播起到阻断作用。在当前的养殖环境中，鹅群一旦发病，往往是几种病并发，因此控制本病发生首先以加强免疫和接种抗体为主，同时配合黄芪、紫锥菊等抗病毒药提高免疫力，加保肝药保护肝脏，加抗菌药防止继发感染；同时配合做好饲养管理及消毒工作。

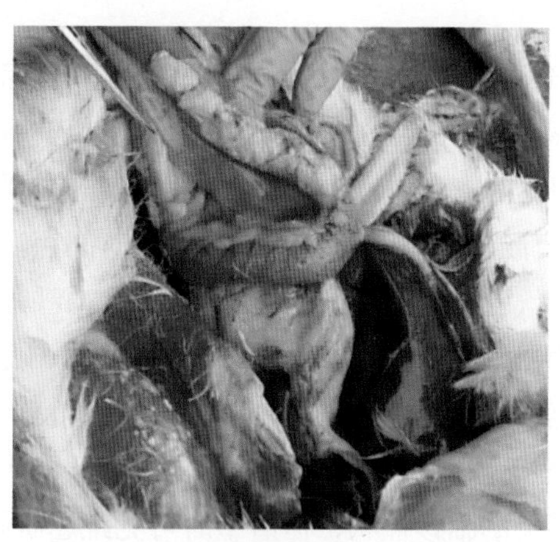

图8−31　鹅呼肠弧病毒病——肠道栓塞

192. 怎样诊断和防治鹅球虫病?

（1）临床表现　寄生于鹅的球虫有16种，最常见的为肠球虫。各种年龄鹅均可感染，幼鹅发病率和死亡率较高。症状为摇头、口流白沫、伏地、颈下垂、排血水样粪便。青年鹅、成年鹅常为带虫者，而雏鹅和仔鹅对球虫易感，因此必须分开饲养以防止被感染。夏季为球虫多发季节，该病流行区域或可在饲料中添加药物预防。

（2）防治方法　一旦发生该病，应立即用磺胺药、氯苯胍、氨丙啉和青霉素等防治。每千克体重用250毫克氨丙啉，或10毫克氯苯胍，或30毫克球虫宁拌料，连喂3天。

第九章　水禽养殖场废弃物管理

第一节　基本知识

193. 规模化水禽养殖场养殖废弃物主要有哪些?

规模化水禽养殖场废弃物的主要来源于水禽粪便、病死水禽、养殖污水、废弃饲料、羽毛以及饲料、兽药和疫苗的包装物。其中，水禽粪便、病死水禽和污水是最主要的3 种水禽养殖废弃物。

(1) 水禽粪便　种鹅饲养期大都在3 年以上，而肉鹅的饲养期一般为70天左右。每只种鹅每天可产260克粪便，肉鹅产180克粪便。粪便若得不到无害化处理，会产生非常严重的环境污染。

(2) 病死水禽　病死水禽是水禽养殖中病原菌污染的主要来源，会危及畜禽和人体健康，需要对其进行无害化处理。

(3) 污水　水禽养殖过程中的污水主要来自于清洗禽舍和笼具、消毒、冲洗粪便等。虽然污水产生量不大，但污水中含有大量有机物等，直接排放或利用对水体、空气、土壤的污染比较严重。

(4) 其他来源　除了以上3 种主要的养殖废弃物以外，废弃物来源还包括废饲料（饲喂中浪费的饲料和贮藏发霉的饲料）、羽毛以及饲料、兽药和疫苗的包装物。其中，饲喂中浪费的饲料和羽毛难以从水禽粪便中分离，大都与水禽粪便一并处理。

194. 水禽粪便与家畜粪便的主要成分和污染物有何差异?

水禽粪便中含有大量有机物，极易腐败，常常还带有致病微生物，其产量很大，如果处理不当，将会对水、土壤和空气等环境因素造成污染；水禽粪便中还含硝酸盐、药物残留、生物毒素及重金属等有毒有害物质。生物毒素主要包括细菌毒素和霉菌毒素。细菌毒素可直接引起细菌性食物中毒，如金黄色葡萄球菌产生的葡萄球菌肠毒素与肉毒杆菌产生的肉毒杆菌毒素都具有很强的毒性。同时，水禽粪便腐败可产生大量甲烷、硫化氢和甲硫醇胺等有毒有害气体。此外，水禽粪便还产生恶臭，是蚊蝇生存的良好环境。

家畜粪便与水禽粪便主要成分及污染物非常相似，但也有所不同。家畜粪尿分离，分别排出，较易分离，而水禽则是粪尿同时排出，难以分离，因此水禽粪便中含水率较高；与水禽粪便相比，家畜粪便中氮、钾含量较低，磷含量较高。另外，因水禽与家畜物种不同，使用药物有所区别，粪便中残留药物也有所不同。

195. 水禽粪便（水）直接排放有什么危害?

水禽粪便（水）不经无害化处理直接排放，会对空气、土壤、水体以及人和动物健康造成不利的影响。

（1）空气污染　水禽排泄物中含有大量有机物，排出体外后如果不及时处理，在高温下迅速腐败发酵产生硫化氢、氮、胺、硫醇、挥发性有机酸、吲哚、粪臭素、乙醇及乙醛等有毒有害气体。这些气体直接排放到大气中，会对人和动物健康造成不利影响。

（2）水体污染　水禽粪污污染水体的主要污染源是水禽粪污中所含的有机物、微生物和其他有害物质等。水禽粪尿淋溶性极强，不仅通过地表径流污染地表水，还可通过土壤渗入地下污染地下水。粪便中含有的大量糖类、含氮化合物等有机物进入水体后使水体富营养化，引起藻类疯长。水禽粪污污染水体后，在微生物作用下大量消耗水中的溶解氧，粪污中的有机物再经厌氧分解，产生多种恶臭物质，污染水体，水体变黑发臭，水质恶化，严重影响水体的生态环境。

（3）土壤污染 水禽粪便长期堆放，粪便中所含大量含氮化合物在土壤微生物的作用下，通过硝化作用等生物化学反应过程，导致土壤中硝酸盐含量日渐增高。硝酸盐是潜在的致癌物，通过农作物吸收再进入人体，对人类健康造成巨大威胁；磷、钾等元素吸附在土壤表面，与土壤中的钙、铜、铝等元素结合生成不溶性的复合物，造成土壤板结，使土壤的通透性降低，不利于植物生长。

196. 病死禽直接丢弃有什么危害？

随着水禽养殖的规模化发展，病死禽的处理问题日益突显。由于集约化水禽养殖场的养殖密度较大，如果防控工作不到位，疫病尤其是烈性传染病的传播速度往往很快，造成禽只在短时间内大量死亡。某些禽虽然不是因为患传染病而死，但死亡之后，体内的沙门氏菌、大肠杆菌等病原微生物会大量繁殖并迅速散播到水禽的肌肉及周围环境中。有的细菌还能产生一些毒素和有害物质，直接丢弃病死禽会造成严重环境污染，危害公共卫生安全。因此对待病死禽，一定要严格遵守“四不能”原则，即“不能食用、不能运输、不能销售、不能随意丢弃”。在提高疫病防控能力的同时，更应充分重视对病死禽的科学无害化处理。

第二节 水禽养殖废弃物处理方法

197. 病死禽常用处理方法有哪些？

病死禽的处理常用的有深埋、焚烧和堆肥处理三种方式。

（1）深埋处理法 病死禽不能直接埋入土壤中，因为这样容易造成土壤和地下水被污染。深埋处理法是指将病死水禽运到选定的地点填埋。在作深埋时，应当用水泥板或红砖砌成专用深坑。深坑一般长2.5 ～ 3.5米、宽1.2 ～ 1.8米。深坑建好后，要用土在上方堆出一个0.6 ～ 1.0米高的小坡，使雨水向四周流走，并防止重压，地表最好种上草。

填埋时在填埋坑底先铺上2厘米厚的生石灰或者烧碱等消毒剂，然后放入病死水禽，其最上层必须距离地表达到3米以上，然后铺上土壤，夯实。深埋处理法整个处理过程比较简单，但依赖的是土壤的自净作用，所以过程缓慢，一般需要1 年以上的时间，因此病死尸体内含有的病原菌能够长期存在，一旦防渗不到位，病原菌将会污染土壤，甚至有可能污染到地下水。因此，如果利用深埋处理法时，应该和其他的无害化技术结合起来，同时严格做好防渗工作，防止二次污染。

（2）焚烧处理法　对病死禽进行焚烧处理是一种常用的方法。焚烧处理法是指以煤和石油为燃料，在焚烧炉内直接焚烧病死水禽尸体，利用高温彻底杀死病死禽体内的病原菌，达到彻底无害化的程度。焚烧法一般将病死水禽直接在焚烧设施里焚烧，但是焚烧过程中会产生带有浓重臭味的烟气，形成了二次污染。此外，焚烧炉建造费用高昂，整体操作复杂，焚烧后产物处理困难，维护焚烧炉费用高。因此，这种方法适用于发生急性传染病而大批死亡的死禽，以便迅速控制疫情，减少传染源，避免对社会带来污染和公害。

焚烧设施建造的地点应远离水禽养殖场及生活区，并应在其下风向。同时，焚烧设施应装有较高的烟囱，减少环境污染。

（3）堆肥处理法　堆肥处理法将病禽尸体堆积起来，在有氧环境下利用微生物（细菌、真菌等）的发酵作用将病死水禽转化为腐殖质以及无机肥料。堆肥处理法工艺简单，费用也低，无害化处理程度高，但是需要经常翻堆，工作量大，发酵周期相当长。目前，病死水禽的处理多使用静态堆肥法或者发酵仓堆肥法。

①静态堆肥法：将病死禽尸体集中起来后，在露天条件下堆成条垛状或者金字塔状，一般条垛式静态堆肥每3 ～ 7天翻堆1 次，

金字塔式堆肥每3 ~ 5个月翻堆1次。静态堆肥法设备要求简单，发酵程度高，但受天气影响大，发酵周期长。

②发酵仓式堆肥法：发酵仓式堆肥法是将病死禽尸体放在发酵仓内进行发酵。必须注意控制发酵仓内温度（一般控制在55 ~ 65℃）、湿度（一般控制为50% ~ 60%）、通风条件（含氧量一般不低于8%）和碳氮比（25 ∶ 1）等条件，才能提高发酵仓式堆肥法的效率和品质。但发酵仓一般较小，无法处理大量病死禽尸体，只适用于小型染疫病死禽处理。一款病死禽发酵处理仓见图9–1。

图9–1 病死禽发酵仓

198. 水禽养殖粪污常用处理技术有哪些?

（1）污水处理与利用 粪污固液分离后，污水一般通过厌氧或好氧发酵处理、物理沉淀、自然生物处理（氧化塘、人工湿地等）达到净化或循环利用标准。经过污水处理系统处理后的养殖污水达到还田标准后，用于还田，浇灌养殖场农作物、牧草和景观植物等。此外，通过进一步处理后污水更加干净，可以循环利用于鹅舍等设施的清洗等，这样既能维护养殖场内部环境，又能做到水资源的有效再利用，节约资源。

（2）粪便处理与利用 水禽养殖场粪污汇集、固液分离后，对粪便普遍进行堆肥发酵，有效利用途径有如下两种。

①生产农用肥：水禽粪便中含氮、磷、钾及多种重要微量元素

等，因此可利用水禽粪便生产农用有机肥，这也是粪便资源化利用的主要用途。水禽粪便经好氧发酵或干燥后还可用于园林生产中，作为一种新兴的优质复合肥和土壤调节剂。但如果水禽粪施用量以氮素平衡为基础来确定，则磷和钾的供给一般会超过谷类作物需要量，在生产中应注意这个特点。

②生产沼气：水禽粪便在厌氧发酵处理条件下，其有机物质在相应的微生物作用下产生复合气体，其主要成分是甲烷（占60% ~ 70%）。沼气可用于生活区做饭供暖、鹅舍采暖照明，是一种清洁、优质的生物能源。经测定，一只产蛋母鹅每日所产鹅粪经过适当的发酵处理，可产生 6.48 ~ 12.69升沼气。沼液需进一步处理，沼渣则定期回收用于堆肥。

199. 什么是粪污固液分离技术?

固液分离指运用物理化学手段，使畜禽粪便分离为固体和液体，固液分离降低了液相中含固率和固相的含水率。固相用于好氧堆肥时需要控制含水量在65%左右，固液分离后降低了固相中含水率，从而减少了辅料的添加量，降低了堆肥原料成本和好氧发酵工程的负荷。固液分离后降低了液相的含固率，厌氧发酵时，降低了沼气工程的负荷，避免管路的堵塞；达标排放处理时，减轻污水处理的负荷，减少污泥产生量，节省处理装置的容积、占地面积，降低投资。因此，在畜禽粪便处理工艺流程中，固液分离是一道必不可少的前期处理工序。

畜禽粪便固液分离使用的手段有机械固液分离和絮凝分离等。固液分离机通过压榨设备或离心设备对畜禽粪便进行固液分离处理，能分离出80%的固体物质，但对溶解性物质的分离效率很低，且处理成本高。用絮凝剂对物料进行处理，使微小的悬浮固体迅速地聚集，进而沉淀分离。絮凝分离法与其他固液分离技术结合，能提高固液分离效率。

一款固液分离机见图9-2。

图9-2　固液分离机

200. 粪便厌氧型堆肥发酵的特点及流程是什么？

厌氧堆肥则是在氧气不足的条件下，利用厌氧微生物降解粪便中有机物的过程。粪便厌氧型堆肥发酵时，一般堆成高2 ～ 3米、宽5 ～ 6米、长50米的粪堆，不进行翻动，所以设备简单。厌氧型堆肥的堆内温度较低，堆肥时间需4 ～ 6个月，堆肥过程中散放臭味，最终产品含水量较大。为了减少厌氧堆肥中的含水量，可在水禽粪内加入30%的锯末屑或秸秆粉，这样可以改善厌氧堆肥的肥料质量。然而厌氧分解后的产物中含许多喜热细菌，并含有有机酸、乙醛、硫醇（酒味）、硫化氢等有害物质，会对环境造成严重的污染。

201. 粪便好氧型堆肥发酵的特点及流程是什么？

好氧型堆肥发酵是指在氧气充足的条件下将粪便、秸秆等含氮有机物在好氧和嗜热性微生物的作用下转化为腐殖质、有机残渣和微生物的过程。在堆肥发酵过程中，大量无机氮转化为有机氮的形式固定下来，形成的产物相对稳定并几乎无臭味，即以腐殖质为主的堆肥。

好氧堆积发酵需要供给足够的氧气，一般要求在堆肥混合物中有25%～30%的自由空间，常用蓬松的秸秆粉与水禽粪便混合，且需要在发酵过程中经常翻动发酵物。碳、氮比一般保持在30：1，温度一般保持在60～70℃，相对湿度保持在40%～50%。在发酵过程中，好氧微生物迅速增殖活动，代谢过程产生的热量诱导发酵物内部温度升高。该高温可以杀灭有害病原体。好氧型堆肥常见的形式为高度1.5～2.0米、宽度2.5～4米的长条形粪堆，顶部形成30°坡顶，多雨季节应加顶棚防雨。每2～3天翻动1次，以充入空气，保证好氧微生物的活动。与厌氧堆肥相比，好氧堆肥过程中无任何有害物质产生，更加安全。

202. 粪便干燥处理方法有哪些？

水禽粪便含水量较高，干燥脱水处理后使其含水量降至15%以下，这样可减小粪便重量和体积，便于包装运输，也可有效抑制粪中微生物的活动，减少蛋白质等营养成分的损失。脱水干燥处理的主要方法有高温快速干燥、太阳能自然干燥和舍内干燥等。

（1）高温快速干燥法　高温快速干燥常采用回转圆筒烘干炉对水禽粪便进行干燥，烘干炉的温度在300～900℃。水禽粪便在短时间内，水分会迅速降低至20%以下。该方法优点是干燥速度快，不受天气影响，适用于大批量生产，还具有灭菌杀虫卵、除臭、除杂草等效果，但一次性投资较大、能耗高、成本高，在一定程度上限制了该技术应用。

（2）太阳能自然干燥法　在夏季，太阳光照射可在1周内将鹅粪的含水量降到10%或更低。在利用太阳能作自然干燥时，有的采用发酵处理后再干燥的工艺，有的采用一次性干燥工艺。如将收集的粪便直接放进发酵槽中，经过20天左右发酵，再把发酵的粪便转到干燥槽中，通过频繁粉碎和搅拌，粪便充分干燥，最终可获得经过发酵处理的干鹅粪产品。

（3）舍内干燥法　舍内干燥处理是指直接将气流引向传送带上

的水禽粪便，使粪在产出后得以迅速干燥。这种方法也可把粪便的含水量降至35% ~ 40%，不过还是不能直接作为产品，因此必须和其他干燥方法结合起来，才能生产出合格的干燥粪便。

203. 水禽养殖场废水处理方法有哪些?

水禽养殖场污水处理一般都是物理方法、生化方法与自然生物法相互结合，进而达到污水净化和再利用的效果，一般的处理流程见图9-3。

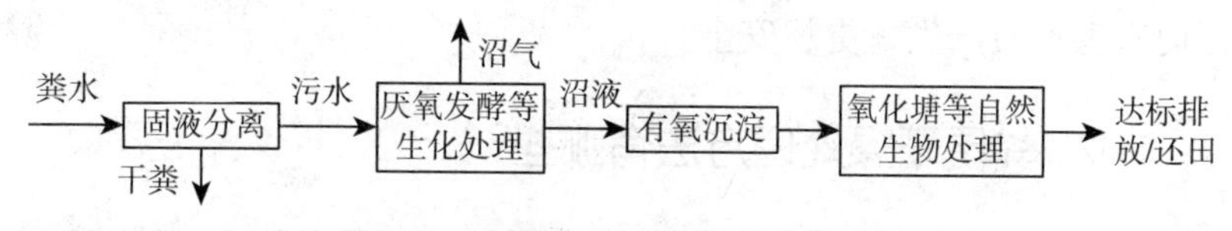

图9-3 水禽养殖污水物理处理流程

（1）物理方法 通过格栅、沉沙池、沉淀池、化粪池、离心或重力固液分离机等设施利用沉淀作用去除水中的固形物和悬浮物等。该方法只是对粪污水进行简单初步的处理，分离出来的废水和粪渣还要进一步处理才能达到国家有关标准或规定。固液分离方式常用于养殖场污水的预处理，可以降低后续处理负荷及成本。

（2）生化方法 生化处理主要包括厌氧生物处理、好氧生物处理以及厌氧+好氧生物处理等。

①厌氧生物处理技术：在养殖场粪污处理领域中是较为常用的一种技术。厌氧生物处理技术包括厌氧微生物在厌氧条件下将有机物降解为有机酸、醇、醛的产酸阶段和在甲烷菌作用下将有机酸降解为甲烷、二氧化碳和氢气等的产气阶段。厌氧发酵不但能量需求低，而且还可产生作为能源使用的沼气，污泥产量极低，可对好氧性微生物不能降解的成分进行降解或部分降解。对于高浓度的养殖场有机废水，必须采用厌氧消化工艺，才能将可溶性有机物大量去除，杀死传染病菌。但经厌氧发酵处理后的污水中有机物浓度要高于好氧处理，一般难以去除氮、磷，不能达到污水排放标准，还需要进行进一步的好氧性处理。厌氧生物处理通过厌氧发酵产沼气，

在降低污水中有机污染物含量的同时实现资源化利用，其处理费用低于好氧处理，是畜禽养殖场污水处理的主要方法之一。

一款养殖污水发酵罐见图9-4。

图9-4　水禽养殖污水发酵罐

②好氧生物处理技术：利用好氧微生物或兼性微生物在有氧条件下进行生物有氧代谢来降解污水中的有机物，使畜禽养殖污水稳定、无害化的处理方法。好氧微生物以污水中的有机污染物为底物进行好氧代谢，经过一系列生化反应，逐级释放能量，最终将其转化为无机物的形式稳定下来，达到无害化的要求。好氧生物处理法可包括天然和人工两类。天然好氧生物处理法有氧化塘系统和土地处理系统等。人工条件下的好氧生物处理方法采取人工强化措施来处理废水，主要包括生物滤池、活性污泥、生物接触氧化、序批式活性污泥和氧化沟等方法。

③厌氧+好氧生物处理技术：厌氧+好氧生物处理技术既克服了厌氧处理达不到排放标准的缺陷，又克服了好氧处理能耗大，占用土地面积大的不足，具有投资少、运行费用低、净化效果好、能源环境综合效益高等优点，特别适合产生高浓度有机废水的水禽

场的污水处理。研究表明，采用厌氧+好氧生物处理技术处理水禽养殖废水，处理后总出水化学需氧量（COD）的平均去除率为97.8%，氨氮（NH_3–N）的平均去除率为91.6%，悬浮物（SS）的平均去除率达91.7%。

（3）自然生物处理法 主要是利用细菌和藻类等植物共同作用处理废水，或者利用土壤微生物、植物组成的生态系统进行净化。目前，自然生物处理方法主要有人工湿地处理、氧化塘处理等。

①人工湿地处理：人工湿地就是通过沉淀、吸附、阻隔、微生物同化分解、硝化、反硝化以及植物吸收等途径以去除废水中悬浮物、有机物和重金属等物质。叶勇等的研究表明用木榄系统和秋茄处理养殖废水，氮的去除率为95.5%和84.3%，磷去除率为91.8%和79.2%，表明两种植物对氮、磷的去除效果较好。人工湿地处理方法投资少，能耗少，运行简便且管理费用较低，不需要复杂的污泥处理系统；对公共卫生安全及周围环境影响较小。但是，人工湿地处理系统土地占用量较大，处理效果容易受季节温度变化的影响，建于地下的厌氧湿地系统清理困难，且维修不便，并且还有渗入地下、污染地下水的可能。因此养殖场可根据实际情况选择是否采用此方法。

②氧化塘处理：又称为生物稳定塘，它是一种利用天然的或者人工整修过的池塘进行污水生物处理的方法。生物稳定塘处理污水的过程与天然水体的自净过程类似。当污水在塘内停留，其中的有机污染物就会被水中微生物代谢降解，而微生物活动所需的溶解氧可以由藻类通过光合作用和塘面的复氧作用提供，也可以由人工曝气法提供。氧化塘作为环境工程构筑物，主要是用来降低水体的有机污染物，减轻水体富营养化的程度等。据研究表明，沉水植物氧化塘对总磷的去除率为28% ~ 98%，对总氮的去除率为19% ~ 65%。氧化塘处理法具有操作简单、经济实用、净化效果好的特点，塘内种植的水生植物也可作为饲料或绿肥使用。但是，氧化塘处理技术受自然环境条件的限制较大。总的来说，在水禽养殖

场附近有废弃的沟塘、滩涂可供利用时，应优先考虑采用此类方法来处理污水。

204. 养殖污水排放标准是什么？

目前，有关养殖污水排放需达到国家有关标准，见表9-1，未达到排放标准的养殖污水不得进行排放。

表9-1　集约化畜禽养殖业污染物最高允许日均排放浓度

控制项目	标准值
5日生化需氧量（毫克/升）	150
化学需氧量（毫克/升）	400
悬浮物（毫克/升）	200
氨氮（毫克/升）	80
总磷（毫克/升）	8
粪大肠菌群数（个/升）	1 000
蛔虫卵（个/升）	2

注：引自《畜禽养殖业污染物排放标准》（GB 18596—2001）。

205. 农田利用粪污有哪些要求？

用于直接还田的畜禽粪便，必须进行无害化处理。禁止直接将废渣倾倒入地表水体或其他环境中。畜禽粪便还田时，不能超过当地的最大农田负荷量，避免造成面源污染和地下污染。经无害化处理后的废渣，应符合相关规定，见表9-2。

表9-2　畜禽养殖业废渣无害化环境标准

控制项目	指标
蛔虫卵	死亡率≥95%
粪大肠菌群数	≤10^5个/千克

注：引自《畜禽养殖业污染物排放标准》（GB 18596—2001）。

第十章　水禽养殖场经营管理

第一节　养殖场员工

206. 水禽养殖场需设置哪些工作岗位？

一个标准化养殖场的工作岗位包括场长、技术主管、职业兽医、财务员、电工、炊事员、保卫、饲养员、采购员、孵化员、养殖废弃物管理员等。在这些岗位中，场长、技术主管和饲养员是必不可少的。

（1）场长（经理）　应该认真贯彻执行国家有关发展畜牧业的法规和政策；负责养殖场的全面管理工作，是养殖场安全生产、经营管理和产品质量的第一责任人；制定养殖场的年度预算方案及弥补亏损方案；严格执行公司各项规章制度，保证全场生产工作规范运作；按照养殖程序和各项技术要求，对养殖场进行科学系统管理，落实各项产量、质量指标，根据产品需求制定完善生产管理制度，实现水禽产品质量安全可追溯；积极完成公司安排的任务，服从相关职能部门的监督；实行严格的卫生防疫管理制度，确保养殖场防疫工作到位和场地的环境卫生；及时主动解决好场外场内各种矛盾纠纷，消除安全隐患，确保场地安全稳定；及时主动向上级主管部门和主管领导提交前阶段工作情况总结和下一阶段生产养殖管理计划；负责落实场规场纪，协调各部门之间的关系，团结全场人员，圆满完成生产养殖任务；制定并实施养殖场内各岗位的考核目标管理和奖惩办法；负责场地饲料、鹅（鸭）苗、药品、生产设施、生产生活物品、办公用品的申报审核工作；负责对食堂、宿舍合理的管理和监督；根据场地实际情况，决定人员聘用和使用；确定人员福利待遇标准等。

（2）技术主管　负责本场养殖生产的技术管理工作，监督检查技术措施的落实；及时、准确了解养殖舍的情况，实时检查所养水禽的采食、饮水、生长和防疫情况；负责饲料采购、配方、饲料加工和质量控制；负责饲养管理程序制定与实施；负责场区防疫程序制定与实施、疾病诊断与防治；实时检查各养殖舍的饲料饲喂、禽只健康和圈舍卫生等情况，发现问题及时向场长汇报并落实相关解决方案；负责制订场内人员培训计划并定时对饲养员进行养殖技术培训；做好生产记录、制作周报表及月报表并存档；完成其他工作。

（3）饲养员　是管理圈舍的第一责任人，按照技术人员要求饲养所管理禽只。饲养员要认真学习养殖理论知识，不断提高养殖技能；实时执行巡查制度，做到“三勤”，即勤走、勤看、勤扫，发现异常，及时处理并向上级主管汇报；及时清理水禽排放的粪便，保持圈舍和运动场的清洁；协助技术员做好卫生防疫和消毒等工作；做好各种生产用工具的日常维护保养工作；及时维修或清洗各种生产工具设施；一般圈舍都实行饲养员管理制度，不同的圈舍落实不同的饲养员，一般情况下不能窜栋；及时做好生产日志的记录工作；完成其他工作。

规模化水禽养殖场各岗位设置及其职责见表10-1。

207. 养殖场如何聘用员工？

养殖场可通过多种招聘方式招聘符合要求的员工，常见的招聘方法有现场招聘、网络招聘、校园招聘、传统媒体广告、人才中介机构和他人推荐。

现场招聘是一种企业和人才通过第三方提供的场地，进行面对面对话，现场完成招聘面试的一种方式。现场招聘一般包括招聘会及人才市场两种方式。

网络招聘一般有通过企业自身网站和第三方网站发布招聘信息

表10-1 水禽养殖场主要岗位设置简表

序号	岗位名称	岗位职责
1	场长	全面负责场内各项工作。制订全场工作计划、负责分工协调、组织养殖生产与产品销售等
2	采购员	负责场内饲料、兽药、疫苗、设施设备等的购买
3	财务员	负责场内财务收支记录、核算、处理等工作，编制财务报表并及时上报
4	技术主管	负责场内生物安全防控方案、饲料配方设计、饲养管理程序等的制定与落实；为饲料原料、药品等采购提供需求信息
5	孵化员	负责种蛋入孵、孵化，孵化室和孵化设施设备清洁卫生、出雏、设施设备运行与维护等工作
6	饲养员	负责禽只饲养与管理、粪污清运、相关设施设备运行与维护、转群、圈舍清洁卫生、药物注射等
7	养殖废弃物管理员	负责养殖场粪污和死禽处理、相关设施设备运行与维护、区域内清洁卫生等
8	保卫	负责场区大门开关，对进出人员、车辆进行登记、消毒等管理，负责场区人员与财产安全保卫等

两种形式。

校园招聘是许多企业采用的一种招聘渠道，企业到学校张贴海报，进行宣讲会，吸引即将毕业的学生前来应聘，企业直接录用符合自身需求的人员。

传统媒体主要包括报纸、杂志、电视和广播等，企业可通过在这些媒体发布用人信息，进行人员招聘。

人才中介机构常见的有劳务信息中介机构和猎头公司（常用于招聘职位较高的岗位）。此外，也可通过场内员工及其亲友介绍，招聘相应工作人员。

208. 养殖场员工应具备哪些基本素质？

养殖场员工必须严格遵守公司的各项规章制度、吃苦耐劳、爱岗敬业，服从上级主管调遣、管理和安排。

养殖场员工要有“以场为家”的思想，要长期驻场，要珍惜工作机会、努力完成好本职工作。

养殖场员工要有积极主动的工作态度，要时刻谨记“今天工作不努力，明天努力找工作”。

在业务上，养殖场员工要认真学习养殖理论和技术，具备基本的业务知识和能力，要“干一行爱一行，爱一行钻研一行”。养殖是细活，贵在细心和坚持，要想熟练掌握养殖技能，必须耐得住寂寞，做好24小时有呼必应的准备。

209. 养殖场怎样进行员工管理?

（1）签订劳动合同 随着国家对劳动者权益保护力度的加强，劳动者的自我保护意识越来越强，企业和员工都应按照《中华人民共和国劳动合同法》，结合企业自身实际情况，签订劳动合同，保护企业和员工的合法利益。

规模化水禽养殖场劳动合同范例详见附录。

（2）建立完善的绩效考评机制 绩效考评主要从主观和客观两方面来考评。主观考评即企业要求员工自己制定目标或指标，每季度或每半年对自己的工作业绩进行评定和审核；客观考评即通过对不同岗位的员工的工作进行考评，如出勤率、工作质量、工作指标完成情况等，有利于企业对员工的管理。管理者要及时公布考评结果，表达企业对员工工作能力上的肯定或对他们进一步的要求。

（3）建立激励机制 企业应该完善激励制度，制定多种激励制度，从各层次上激励员工。激励机制主要包括目标激励、奖惩激励、薪酬激励和参与激励等。

（4）完善竞争淘汰机制 要想激发团队的活力和潜力就必须有竞争，良性的竞争才会保证企业健康持续发展，因此就要建立完善的竞争淘汰机制。想让员工更加努力去做某方面的工作，就制定那方面的竞争淘汰机制，但竞争淘汰的结果要能进行量化，这样才具有说服力。

（5）加强员工培训 企业竞争力的核心在于人才。通过培训向员工传授其完成本职所必需的基本技能，更新员工的知识、技能和理念，提升员工创新能力，从而增强企业的综合竞争力。同时，通过对员工的培训，培养员工对企业文化理念的认同。

（6）提高员工幸福指数 养殖场要做好员工衣食住行方面的服务工作，在有条件的情况下配备网络、电视和棋牌娱乐等娱乐设施设备。要把员工当做自己的亲人一样对待，在企业中营造出家的文化。对于有生活困难的员工，应及时给予帮助和支持。

第二节 养殖场制度

210. 养殖场管理制度有哪些？

（1）人员管理制度

①服从安排、团结同事、爱岗敬业、尽职尽责。

②不得在场内吸烟、酗酒、吵架、打架和寻衅滋事。

③不得私自将基地内非个人物品带出基地。

④禁止不请假私自外出。

⑤不得在基地内会见或留宿外来无关人员。

⑥严格执行消毒制度。

⑦严禁浪费水、电、气资源。

⑧及时发现问题，及时汇报，及时解决。

⑨保持水槽、食槽和圈舍清洁，工具摆放有序。

⑩爱护基地设施设备、绿化，搞好基地卫生。

（2）卫生防疫管理制度

①生活区的垃圾放入垃圾桶并及时清理，保持清洁。

②养殖用具随用随清洗，保持清洁干净。

③非场内工作人员不得随时进入养殖区。

④所有人员进入养殖区需走消毒通道，经彻底消毒后进入指定区域。

⑤所有圈舍使用后需及时清理并消毒，养有活禽的圈舍需按要求定时消毒。

⑥发现局部发生疫病时，养殖用具食料槽、饮水槽专用，并进行消毒，做好发病食料槽、饮水槽的有效隔离。

⑦病死禽及经污染的物品等统一放置并及时销毁。

⑧所购进活禽需经过严格检疫，并经隔离观察确认健康无病后方可进入场区。

⑨定期对场内家禽进行疫苗注射。

（3）物资管理制度

①准确记录所购物资名称、数量、规格、有效期、生产厂商、供货单位和购货日期。

②对所购物资外观、内外包装及标识等进场严格查验，合格后方可入库。

③搬运、装卸物资时应轻拿轻放、避免暴力装卸和搬运，严格按照物资外包装标志要求进行堆放和采取措施。

④物资库房专仓专用、专人专管，不得在仓库内堆放其他杂物，特别是易燃易爆物品，并时时保持库房干净、卫生、整洁。

⑤领用物资时须由相关负责人确认签字，并记录好领用物资名称、数量和时间等信息。

⑥定期盘点库存物资数量，避免过期或变质。

211. 什么是企业文化？有何作用？

企业文化又叫作组织文化，是一个组织由其价值观、信念、仪式、符号、处事方式等组成的特有的文化形象。企业文化是在一定条件下，企业生产经营和管理活动中所创造的具有该企业特色的精神财富和物质形态，包括文化观念、价值观念、企业精神、道德规范、行为准则、历史传统、企业制度、文化环境、企业产品等。企业文化是企业的灵魂，是推动企业发展的不竭动力，其核心是企业精神和价值观。企业的价值观是企业或企业中的员工在从事经营活动中所秉持的价值观念。

（1）企业文化能激发员工的使命感 不管是什么企业都有它的责任和使命，企业使命感是全体员工工作的目标和方向，是企业不断发展或前进的动力之源。

（2）企业文化能凝聚员工的归属感 企业文化的作用就是通过企业价值观的提炼和传播，让一群来自不同地方的人共同追求同一个梦想。

（3）企业文化能加强员工的责任感 企业要通过大量的资料和文件宣传员工责任感的重要性，管理人员要给全体员工灌输责任意识、危机意识和团队意识，要让大家清楚地认识企业是全体员工共同的企业。

（4）企业文化能赋予员工的荣誉感 每个人都要在自己的工作岗位，工作领域，多做贡献，多出成绩，追求荣誉感。

（5）企业文化能够实现员工的成就感 一个企业的繁荣昌盛关系到每一个员工的生存，企业繁荣了，员工们就会引以为豪，会更积极努力地进取，荣耀越高，成就感就越大、越明显。

第三节 养殖场效益核算

212. 水禽养殖场生产数据包括哪些？

生产实践中，养殖场需要采集、保存、分析和利用各种生产数据，为养殖场成本核算和效益核算提供依据。水禽养殖场部分生产数据记录表见表10-2至表10-8。

表10-2　商品禽存栏记录表

年　　月

舍号	品种	转入数（只）	转入时间	转出数（只）	转出时间	死淘数（只）	死淘时间	饲养员签字

表10-3　种禽生产记录表

年　　月　　日

种禽存栏			产蛋数				死淘数		受精及孵化		生产性能					
栏号	公禽数	母禽数	产蛋总数	合格蛋	破蛋	畸形蛋	死亡	淘汰	种蛋受精率	受精蛋孵化率	育雏率	育成率	初生重	70日龄重	210日龄重	1～70日龄耗料

表10-4　药品耗用统计表

统计人：　　　　　　统计时间：

序号	药品名称	规格	单位	上月结存	本月		本月结存	签字
					领取	耗用		

表10-5　禽死亡（淘汰）报告

报告人：　　　　报告时间：

<table>
<tr><td>禽舍号</td><td></td><td>栏号</td><td></td><td>死（淘）数</td><td></td><td>死（淘）编号</td><td></td></tr>
<tr><td>病程</td><td colspan="7"></td></tr>
<tr><td>治疗情况</td><td colspan="7"></td></tr>
<tr><td>解剖</td><td colspan="7"></td></tr>
<tr><td>结论</td><td colspan="7"></td></tr>
<tr><td>处理方式</td><td colspan="7"></td></tr>
<tr><td>饲养员</td><td colspan="2">兽医</td><td colspan="2">场长</td><td colspan="3">总经理</td></tr>
<tr><td></td><td colspan="2"></td><td colspan="2"></td><td colspan="3"></td></tr>
</table>

表10-6　诊疗记录

禽号	圈舍号	日龄	发病数	病因	诊疗人员	诊疗结果	用药名称	用药方法

表10-7　物资申购单

申购部门：　　　　　　　　　　　　日期：

品名	数量	单位	估计单价	用途	需用日期
领导审批意见					

填单人：

表10-8　物资报废申请表

表号：

名称		数量		使用部门	
规格型号		金额		存放地点	
报废原由简述 部门主管：　年　月　日					
主管领导意见 年　月　日					

213. 养殖场如何进行财务管理?

财务管理的具体内容是指对资金、成本和利润进行管理，重点是搞好经济核算。要分析增收节支的重点，发掘潜力。

（1）财务职责　为确保财务管理工作顺利开展，必须明确职责，养殖场负责人为养殖场财务管理的第一负责人，对本养殖场的财务工作负有领导责任，财务人员应对本养殖场的具体财务收支负责，确保相关信息的真实和完整。

（2）收支管理　实行收支两条线管理制度。各项业务收入均应按规定缴入养殖场指定的账户，不得坐收坐支，更不得另设账户建立“小金库”。所有支出经审批后由相应账户根据要求实时核拨和支付。养殖场的每一笔日常业务支出均有养殖场负责人按规定审批。养殖场发生支出业务时，经办人应索取发票，并经经办人、证明人和审批人审核签名后办理报销手续。

（3）账务管理　养殖场必须按规定设立总分类账、银行存款账、现金日记账，对本养殖场发生的每一笔财务收支业务进行登记，做到日清月结，账目分明，便于检查监督。

214. 水禽养殖场如何进行成本计算?

水禽养殖场的经济效益等于养殖场的收入减去支出，收入主要由出栏鸭、鹅（蛋）和副产品的收入构成，支出部分主要包括购买养殖投入品（饲料、禽苗、疫苗、药物、水和电等）费用、人工费、土地使用费用、固定资产折旧和设备维修等支出。下面以鹅为例，说明水禽养殖经济效益的计算方法。

（1）肉鹅成本

①规模养殖场模式算法：

肉鹅成本=鹅苗+饲料+药物+人工+保温+水电+土地+设施设备折旧+财务+管理

单位成本=（鹅苗+饲料+药物+人工+保温+水电+土地+设

施设备折旧+财务+管理）/鹅体重

②“企业+农户”模式算法：

肉鹅成本=鹅苗+饲料+药物+养户利润+企业管理

单位成本=（鹅苗+饲料+药物+养户利润+企业管理）/鹅体重

（2）种鹅成本 通常指种鹅开产前的累计成本，包括饲养过程死亡、按选种要求淘汰和配套种公鹅所耗用的成本。

种鹅总成本=种苗+饲料+药物+人工+保温+水电+土地+设施设备折旧财务+管理

每只种鹅成本=种鹅总成本/合格种鹅数量

（3）种蛋成本

种蛋总成本=种鹅成本分摊+饲料+药物+人工+水电+土地+设施设备折旧+财务+管理

单位种蛋成本=种蛋总成本/合格种蛋数

（4）鹅苗成本

鹅苗总成本=种蛋总成本+孵化费

单位鹅苗成本=鹅苗总成本/鹅苗数

215. 怎样计算肉鹅养殖场经济效益？

以全舍饲方式，每批养殖2 000只肉鹅为例，可按照以下方法计算其养殖效益。

（1）产出 10.5万元，其中：

2 000只肉鹅饲养70天，按出栏体重3.5千克/只计算，共计7 000千克；每千克肉鹅售价按15元计算，则总产值为7 000千克×15元/千克=10.5万元。

（2）成本 9.62万元，其中：

①苗鹅：7.5（元/只）×2 000只=1.5万元；

②全期（70天）饲料：11.55（千克/只）×2.9（元/千克）×2 000只=6.7万元；

③疫病防控与消毒：0.5（元/只）×2 000只=0.1万元；

④水电气等：0.5（元/只）×2 000只=0.1万元；

⑤土地成本、鹅舍及设施设备折旧与维护：0.2万元；

⑥死淘鹅：10.5万元×（1−0.95）=0.52万元；

⑦人员工资：2 000[元/（人·月）]×1人×2.5月=0.5万元（因饲养期前后需要圈舍清理、消毒等准备工作，故饲养期按2.5个月计算）。

以上各项投入合计9.62万元。

（3）年利润 3.5万元，其中：

每批利润：10.5万元−9.62万元=0.88万元；

单只利润：0.88万元/2 000只=4.4元/只。

综上，饲养一只肉鹅可获利4.4元，每批若饲养2 000只，可获利0.88万元；每年养殖4批，可累计获利3.52万元。

216. 怎样计算肉鸭养殖场经济效益？

以每批养殖2 000只肉鸭为例，可按照以下方法计算其养殖效益。

（1）产出 5.72万元，其中：

2 000只肉鹅饲养38～39天，按出栏体重3.25千克/只计算，共计6 500千克。每千克肉鸭售价按8.8元计算，则总产值为6 500千克×8.8元/千克=5.72万元。

（2）成本 5.19万元，其中：

①苗鸭：2.8（元/只）×2000只=0.56万元；

②全期（39天）饲料：7（千克/只）×2.6（元/千克）×2 000只=3.64万元（料肉比按照2.15 ：1计算）；

③疫病防控与消毒：0.5（元/只）×2 000只=0.1万元；

④水电气等：0.5（元/只）×2 000只=0.1万元；

⑤土地成本、鸭舍及设施设备折旧与维护：0.2万元；

⑥死淘鸭：5.72万元×（1−0.95）=0.29万元（饲养存活率按照95%计算）；

⑦人员工资：2 000[元/（人·月）]×1人×1.5月=0.3万元（因饲养期前后需要圈舍清理、消毒等准备工作，故饲养期按1.5个月计算）。

以上各项投入合计5.19万元。

（3）年利润 4.92万～5.74万元，其中：

每批利润：5.72万元－5.19万元=0.53万元；

单只利润：0.53万元/2 000只=2.6元/只。

综上，饲养一只肉鸭可获利2.6元左右，每批若饲养2 000只，可获利0.52万元；如按每年养殖6～7批，可累计获利3.12万～3.64万元。如果自己养殖（不雇佣工人），每批还能多赚0.3万元，一年还能多赚1.8万～2.1万元，获利合计：4.92万～5.74万元。

第四节 养殖保险

217. 什么是养殖保险?

养殖保险是以农户所饲养的畜禽和水生动物为保险标的，保险公司对在养殖过程中发生约定的灾害事故（包括疫病、自然灾害和意外事故）造成的经济损失承担赔偿责任的保险。家禽保险是一种以家禽为保险标的的农业保险，主要承保国有农牧场、农村合作经济组织和专业养殖户、个体农民饲养的商品性家禽，在保险期间因疾病、意外伤害或自然灾害造成死亡的损失，保险公司负有赔偿责任，主要的保险种类有鸡、鸭、鹅等保险。目前，养殖保险尚未全面普及实施，但在部分地区进行了试点。

218. 家禽养殖保险赔偿责任范围有哪些?

在已实施的养殖保险中，有关肉鸡的保险相对完善，下面以肉鸡为例加以说明。保险公司对家禽（肉鸡）保险的赔偿责任包括四种，水禽保险可参考。

(1) 病毒类、细菌类、寄生虫类等疾病，如低致病性禽流感、传染性法氏囊病、传染性支气管炎、衣原体、支原体和球虫等禽类经常发生的疾病造成的损失。

(2) 因火灾、暴风、暴雨和大雪等保险责任造成鸡舍倒塌导致的鸡只死亡。

(3) 意外事故（非养殖者人为）造成损失的，包括：煤气中毒及停水、停电等设备故障造成的鸡群损失。

(4) 经畜牧兽医行政管理部门确认为发生疫情（如高致病性禽流感等），并且经区、县级以上政府下封锁令，对于扑杀的肉鸡，保险公司给予部分赔偿。

219. 家禽养殖保险公司不负责赔偿责任的情况有哪些?

保险公司不负责赔偿的情况有以下三种。

(1) 被保险人、饲养人员及其家属的故意或过失行为、管理不善、他人的恶意行为。

(2) 在疾病观察期内发生疾病。

(3) 被盗、冻饿致死或运输造成的死亡。若发生投毒事件导致家禽死亡等的，养殖业主应当及时向公安机关和保险公司报案，以便及时获得赔偿。

220. 怎样计算家禽保险金额和保险费?

养殖保险的保险金额和保险费在各地有较大的差异，肉鸡养殖保险合同对肉鸡的饲养规模、鸡舍、肉鸡健康状况做了详细规定，不同省份肉鸡保险的投保条件不尽相同，但内容基本一致。水禽养殖保险可以参照肉鸡执行。

例如，北京市肉鸡保险条款中规定，每只肉鸡的保险金额为20元，保险费率是1%，即每只保险费0.2元。江苏省每只肉鸡保险金额为10元，且不超过其投保时市场价格的六成；保险费率为3%，即每只肉鸡的保费为0.3元；总保险金额按照当年累计出栏数乘以10元计算；当年累计出栏数低于投保存栏数的4倍的按4倍计算，同时须确定投保存栏数。

江苏省规定投保的品种必须在当地饲养1年以上，鸡龄在10日龄以上，存栏数在8 000只以上，鸡场选址应符合畜牧兽医部门的要求；鸡舍内光照、温度、相对湿度适宜，通风良好，有防暑降温措施，场舍定期消毒，不同批次的鸡群不同舍饲养，鸡舍间的间距合理；投保肉鸡应为无伤残、无疾病，营养全面、饲养密度合理，按当地动物卫生监督管理部门及保险公司认可的防疫程序做免疫。

在肉鸡规模上稍有差别，如北京市规定2 000只以上，江苏为8 000只以上，还有些省份规定10 000只以上的。一般来说，肉鸡保险的期限，以正常饲养日49天为一个固定保险期限，也就是说，从雏鸡进入饲养鸡舍次日0：00起到饲养49天之日24：00止。观察期为签订保险合同的次日0：00顺延7天。在疾病观察期内参保肉鸡因保险责任范围外的疾病导致死亡的，保险公司不负责赔偿。

2008年10月12日，重庆市政策性家禽保险试点在合川区正式实施，18万只家禽系上了“保险绳”，获得了总共280万元的保险保障。据介绍，此次开展的政策性家禽保险试点，主要投保对象为家禽养殖大户和家禽专业合作社等。政策性家禽保险的保费由合川区财政补助70%，参保养殖户出资30%。其中，种鸭、蛋鸭保费为1.2元/只，种鸡、蛋鸡保费为0.9元/只。按照合同约定，当损失发生时，种鸭、蛋鸭可获得20元/只的保险赔偿，种鸡、蛋鸡可获得15元/只的保险赔偿。这也意味着农户为种鸭、蛋鸭投保，每只鸭缴纳的保费为0.36元，如果发生意外，就可获得20元的赔偿。

221. 怎样计算赔付金额?

[案例一]

江苏省肉鸡养殖大户老赵在当地人保给自己存栏的10 000只肉鸡投了保，后因火灾死亡1 000只，因洪水冲走流失2 000只，又因鸡瘟被政府集中扑杀2 000只（每只肉鸡政府扑杀专项补贴5元）。那么，老赵应缴多少保险费用？在受到这三种灾害后，又能得到多少损失赔偿呢？

（1）支付保险费 老赵养殖的10 000只肉鸡，每只按不超过其市场价格的六成，每只10元投保。江苏省保险费率为3%。按保险费计算公式：

保险费=保险年度累计存栏数 × 每只保险金额 × 保险费率

需支付保费10 000只 × 3% × 10元/只=3 000元。如政府财政补贴70%，个人自付30%，即老赵需支付保险费900元。

（2）赔偿金额

①因火灾死亡1 000只肉鸡，经测算其死亡残值为100元。据江苏省肉鸡保险赔偿办法：

赔偿金额（元）=[死亡肉鸡总尸重（千克）－实际存栏数 × 3% × 平均每只尸重（千克）] × 2元－残值=[2 000－10 000 × 3% × 2] × 2－100=2 700

②因洪水冲走流失2 000只：

赔偿金额（元）=[死亡肉鸡总尸重（千克）× 40%－实际存栏数 × 3% × 平均每只尸重（千克）] × 2元－残值=[1 600－10 000 × 3% × 2] × 2－0=2 000

③因疫病被政府扑杀掉2000只，赔偿计算方法为：

赔偿金额（元）=[死亡肉鸡总尸重（千克）－实际存栏数 × 3% × 平均每只尸重（千克）] × 2元－[死亡肉鸡总数（只）－实际存栏数 × 3% × 每只肉鸡政府扑杀专项补贴金额（元/只）]=[4 000－10 000 × 3% × 2]－[2 000－10 000 × 3% × 5]=2 900元

综上，投保了1万只鸡的江苏养鸡大户老赵缴纳保险费用900元，因火灾、洪灾和疫病损失了5 000只鸡，从保险公司获得了7 600元的赔偿。

[案例二]

北京市肉鸡保险规定饲养日龄成本计算赔付，细化到每只鸡的生产成本，鸡的不同日龄赔付金额不同，而不直接依据肉鸡尸体重量。北京市郊区农户老王家的1 000只肉鸡在第3周的第7天发生了瘟疫，全部死了，那么按照北京的保险赔付标准，每只鸡的赔付费率为8.04元，则老王可以获得8 040元的赔付。

[案例三]

当家禽发生保险事故时，养殖户只能得到基本保险金额的赔偿，政府给予的贴补仅能提供家禽养殖户基本的保险保障。若发生较大的突发疫情，动物防疫部门不得不扑杀疫区所有家禽，往往给养殖户造成巨大损失。根据这一情况，上海市不仅大力推动家禽养殖保险，而且又推出家禽补充保险。2009年1月，上海市某家禽养殖户3万余只蛋鸡死亡，直接经济损失近70万元，其所投保的家禽保险在政府给予财政补贴的险种范围，根据保险责任该养殖户获得了13余万元的保险赔款。然而与其近70万元的经济损失相比，基本保险的保障显得有些力不从心。有了家禽补充保险后，同样的灾害损失，根据保险责任该养殖户可获得近55万元的赔款。

附录　养殖场劳动合同范例

劳动合同书

编号：

甲方（用人单位）________________

法定代表人________________

单位地址________________

邮政编码________________

乙方（劳动者）________________

性别________________

身份证号码________________

家庭住址________________

邮政编码________________

联系电话________________

根据《中华人民共和国劳动合同法》及相关法律、法规的规定，甲方双方遵循合法、公平、平等自愿、协商一致、诚实信用的原则，订立本劳动合同（以下简称合同），共同遵守。

第一条　本合同期限经双方协商一致，采取固定期限形式：自____年__月__日起至____年__月__日止。如乙方达到法定退休年龄或已享受社会保险待遇的，本合同自行终止，甲方不支付乙方经济补偿金。

第二条 乙方的工作地点为________________________。

第三条 乙方同意根据甲方工作需要，承担__________工作。具体工作内容和要求是________________________等。

第四条 甲方每月15日前根据考核结果支付乙方上月工资。甲乙双方约定，甲方按下述标准向乙方发放薪酬：1.每月基本工资______元；2.休息日按正常工作日双倍工资支付，国家法定节假日按正常工作日三倍工资。节假日薪酬发放天数以现场考勤为准。

第五条 试用期间甲方为乙方购买意外伤害保险，待试用期结束后，甲乙双方按国家和重庆市的规定参加社会保险。其中，乙方负担的部分由甲方负责代扣代缴。

第六条 甲方按企业所在地地方政策规定为乙方提供福利待遇。

第七条 甲方根据生产岗位的需要，按照国家以及重庆市的有关劳动安全、职业卫生的规定为乙方配备必要的安全防护设施，发放必要的劳动保护用品。

第八条 甲方根据国家有关法律、法规，建立安全生产制度；乙方应当严格遵守甲方的劳动安全制度，严禁违章作业，防止劳动过程中的事故，减少职业危害。

第九条 甲方应当建立、健全职业病防治责任制度，加强对职业病防治的管理，提高职业病防治水平。

第十条 甲乙双方在本合同有效期内经协商一致，可以变更本合同约定的内容。变更合同应采用书面形式，双方各执一份。

第十一条 甲乙双方变更、续订、解除、终止劳动合同应当依照《中华人民共和国劳动合同法》等相关法律、法规和重庆市有关规定执行。甲方实施每月考核制度，根据考核结果，乙方有2次考核结果为60分以下，终止聘用，解除合同。结合甲方岗位用人需求，乙方年平均考核结果为60分~69分，终止合同。年平均考核结果为70分以上，方可续聘。

第十二条 乙方在解除或终止本合同时，须提前30日告知甲方，甲方同意后乙方应当按照甲方的规定办理移交手续。

第十三条　甲乙双方约定的其他事项：乙方必须遵守《劳动合同法》及甲方制定的各项规章制度，乙方如有违反，甲方有权按照《劳动合同法》及甲方制定的规章制度对乙方进行处罚。

第十四条　甲乙双方因履行本合同发生劳动争议，可以协商解决。协商不成的，可直接向有管辖权的劳动争议仲裁委员会申请仲裁。

第十五条　甲方制定的各项规章制度、岗位责任书、保密和竞业限制协议、培训协议等作为本合同的附件。

第十六条　本合同未尽事宜按甲方制定的规章制度执行，规章制度与国家和重庆市有关规定相悖的，按国家和重庆市有关规定执行。

第十七条　本合同签订时，甲方已尽告知义务，乙方对甲方制定的各项规章制度和职业环境以及工资标准等均已知晓并接受。

第十八条　本合同一式三份，甲乙双方各执一份，存乙方档案一份，具有同等法律效力。

甲方（盖章）　　　　　　　　乙方（签字或盖章）

____年____月____日　　　　　____年____月____日

参 考 文 献

陈国宏，王继文，何大乾，等，2013. 中国养鹅学[M]. 北京：中国农业出版社.

程安春，王继文，2012. 鸭标准化规模养殖图册[M]. 北京：中国农业出版社.

崔治中，2003. 禽病诊治彩色图谱[M]. 北京：中国农业出版社.

戴亚斌，周新民，2017. 鹅病防治关键技术[M] . 北京：中国农业出版社.

郭利伟，李鹏，张平英，2015. 健康高效养鹅技术100问[M]. 北京：中国农业出版社.

国家畜禽遗传资源委员会，2011. 中国畜禽遗传资源志（家禽志）[M]. 北京：中国农业出版社.

何大乾，2007. 鹅高效生产技术手册[M]. 上海：上海科学技术出版社.

洪和琪，2015. 浅析畜禽养殖废水处理技术研究进展[J]. 安徽农业科学，43（32）:109-110.

侯水生，2017.2016 年水禽产业现状、技术研究进展及展望[J]. 中国畜牧杂志，53（6）:143-147.

黄仁录，陈辉，2013. 规模化生态养肉鸡技术[M]. 北京：中国农业大学出版社.

黄勇，马娇丽，王启贵，等，2017. 青绿甜高粱秸秆替代部分全价饲粮对鹅生长性能、屠宰性能及肉品质的影响[J]. 畜牧兽医学报，48（3）：483-491.

黄勇富，2008，四川白鹅[M]. 北京：中国农业科学技术出版社.

李琴，陈明君，彭祥伟2014. 饲粮粗蛋白质和代谢能水平对1 ～ 3周龄四川白鹅生长性能及氮和能量平衡的影响[J]. 动物营养学报，26（9）：2582-2589.

李琴，陈明君，彭祥伟，2015. 饲养方式对2 ～ 10周龄四川白鹅肉鹅生长性能、羽毛生长及腿部健康的影响[J]. 动物营养学报，27（7）：2044-2051.

李琴，马鸿鹏，刘安芳，等，2015. 光照影响鹅繁殖性能和激素水平的研究进展[J]. 中国畜牧杂志，51（15）：88-92.

刘刚，寇利卿，2015.畜禽养殖业养殖废物堆肥化处理技术的研究[J]. 地下水（1）:88-89.

罗艺，潘晓，王德蓉，等，2013. 维生素C对高温热应激肉仔鸭生长性能的影响[J]. 南方农业，7（11）:41-42.

邱祥聘，1993. 家禽学[M].成都：四川人民出版社.

塞夫，2012. 禽病学 [M]. 北京：中国农业出版社.

施振旦，麦燕隆，吴伟，2011. 我国鹅舍建筑类型及配套设施的发展现状和趋势[J]. 中国家禽，33（8）：1-4.

施振旦，2017. 种鹅高效生产有问必答[M]. 北京：中国农业出版社.

王宝维，2009. 中国鹅业[M]. 济南：山东科学技术出版社.

王红宁，2002. 禽呼吸系统疾病[M].北京：中国农业出版社.

王继文，李亮，马敏，2013. 鹅标准化规模养殖图册[M]. 北京：中国农业出版社.

王来友，2012. 鹅业大全[M]. 北京：中国农业出版社.

王兰，邓良伟，王霜，等，2015.畜禽养殖废水厌氧消化液好氧处理研究与应用现状[J].中国沼气，33（5）:3-10.

魏刚才，唐海蓉，2012. 肉鸭安全高效生产技术[M].北京：化学工业出版社.

吴启有，2012.水禽规模化养殖及节能减排措施[J]. 水禽世界（1）:7-9.

吴瑛，2015. 水禽养殖户资源禀赋条件对养殖收益影响的实证研究[J]. 中国家禽，37：31-36.

熊家军，唐晓惠，刘桂琼，2010. 高效养鸭关键技术[M]. 北京：化学工业出版社.

杨宁，2002. 家禽生产学[M]. 北京：中国农业出版社.

张德群，2000.彩图解说鸡病的诊断与防治[M].安徽科学技术出版社.

张海建，2016.浅析污水生物处理工艺[J].工程技术：文摘版（6）: 269.

张辉玲，崔建勋，白雪娜，等，2016.2015年广东水禽产业发展形势与对策建议[J]. 广东农业科学，43：1-6.

张克山，胡彦竞科，韩笑哲，等，2016.鹅不同繁殖时期GnRH和GnIH基因表达和激素浓度变化分析[J]. 畜牧兽医学报，47（8）：1720-1726.

张扬，2014. 我国部分地方鸭品种遗传多样性与群体结构分析 [D]. 扬州：扬州大学.

张宇阳，沙志鹏，关法春，等，2014. 玉米田养鹅措施对杂草群落生态特征的影响 [J]. 生物多样性，22（4）:492-501.

张沅，2001. 家畜育种学 [M]. 北京：中国农业出版社.

张媛媛，司倩倩，王述柏，等，2015. 我国规模化养殖场污水处理现状 [J]. 山东畜牧兽医，36（1）：61-65.

赵鹤谦，傅金祥，苏杨，等，2015. 高浓度畜禽养殖废水处理工程的设计与分析 [J]. 广州化工（15）:159-161.

郑福臣，许英民，2016. 规模化养鹅场废弃物粪便及死鹅的处理及利用 [J]. 水禽世界（1）：6-9.

周有祥，夏虹，彭茂民，等，2009. 鲜鸭蛋及其制品的营养成分初步分析 [J]. 湖北农业科学，48(10):2553-2556.